国家出版基金项目
NATIONAL PUBLICATION FOUNDATION

中央宣传部 2022 年主题出版重点出版物

林业草原国家公园融合发展

国家公园总体布局与建设实践

徐卫华　欧阳志云　等｜编著

U0215423

中国林业出版社
China Forestry Publishing House

图书在版编目（CIP）数据

林业草原国家公园融合发展. 国家公园总体布局与建
设实践 / 徐卫华等编著 . —北京：中国林业出版社，
2023.10

中央宣传部 2022 年主题出版重点出版物

ISBN 978-7-5219-2114-4

Ⅰ. ①林… Ⅱ. ①徐… Ⅲ. ①国家公园－建设－研究
－中国 Ⅳ. ①S759.992

中国国家版本馆 CIP 数据核字（2023）第 004033 号

审图号：GS 京（2023）2346 号

策　　　划：刘先银　杨长峰
策划编辑：肖　静
责任编辑：袁丽莉　葛宝庆
封面设计：北京大汉方圆数字文化传媒有限公司

————————————

出版发行：中国林业出版社
　　　　　（100009，北京市西城区刘海胡同 7 号，电话 010-83143577）
电子邮箱：cfphzbs@163.com
网址：https://www.cfph.net
印刷：北京中科印刷有限公司
版次：2023 年 10 月第 1 版
印次：2023 年 10 月第 1 次
开本：787mm×1092mm　1/16
印张：6.75
字数：110 千字
定价：60.00 元

中央宣传部 2022 年主题出版重点出版物

林业草原国家公园融合发展

国家公园总体布局与建设实践

编委会

主　编

徐卫华　欧阳志云

编写人员

臧振华　杜　傲　范馨悦　唐　军　孙工棋

摄　影

陈建伟　徐卫华

前言

自 2013 年党的十八届三中全会首次提出"建立国家公园体制"以来，我国国家公园建设经历了理念提出、探索实践、全面建设的发展过程。2015 年，我国启动国家公园体制试点建设，陆续在 10 个区域开展试点；2021 年，我国正式设立首批国家公园，实现我国国家公园从无到有的历史性突破；2022 年，国家发布《国家公园空间布局方案》，规划到 2035 年建设 49 处国家公园，我国将建成全世界最大的国家公园体系，形成科学布局、保护严格、管理有效、保障有力的国家公园体制机制。鉴于国家公园处于快速发展阶段，有必要对国家公园的理念、相关政策文件、标准规范等进行解读，以推动高质量建设国家公园，促进人与自然和谐共生。

全书共分为五章，第一章主要介绍我国国家公园建设历程，包括建设背景和发展阶段、国家公园体制试点建设情况、首批国家公园建设情况，以及国家公园全面建设管理有关要求；第二章主要介绍我国国家公园基本特征，从国家代表性、生态重要性、管理可行性三个方面阐述设立国家公园需要具备的条件；第三章主要介绍国家公园空间布局，包括国家公园候选区的遴选过程、候选区的特征及保护成效；第四章主要介绍国家公园保护管理，包括自然资源资产管理、分区管控、生态保护修复、巡护监测、矛盾调处等；第五章主要介绍国家公园绿色发展经验，包括生态保护补偿、绿色产业发展，以及目前国家公园绿色发展存在的问题和建议。

本书由国家林业和草原局 – 中国科学院国家公园研究院、中国科学院生态环境研究中心科研团队，在"全国自然保护地体系规划研究""国家公园空间布局""国家公园体制试点验收评估""国家公园创建工作评估"等项目成果的基础上,结合国家公园建设实践中面临的问题撰写完成。由徐卫华与欧阳志云总体设计,臧振华、杜傲、范馨悦、唐军、孙工棋参与撰写。

感谢中国林业出版社将本书作为"中央宣传部 2022 年主题出版重点出版物——林业草原国家公园融合发展丛书"之一统筹策划,感谢袁丽莉、葛宝庆、肖静等编辑的认真工作,感谢陈建伟先生为本书提供精美图片。

本书力求全面系统介绍我国国家公园总体空间布局及建设实践经验,但由于国家公园仍在快速发展,涉及面广、问题复杂,相关政策仍在不断完善中,书中难免存在疏漏,恳请广大读者批评指正,以便在后续研究中加以改进。

编著者

2023 年 9 月

目录

第一章

国家公园建设历程

　　建立以国家公园为主体的自然保护地体系是以习近平同志为核心的党中央站在实现中华民族永续发展的战略高度作出的重大决策，是我国坚定不移推进生态文明建设的重要内容。把国家公园视为"国之大者"，对于推进自然资源科学保护与合理利用，建设美丽中国，促进人与自然和谐共生，具有重要意义。

第一节　国家公园建设背景

　　中国是全球最大的发展中国家，也是全球生物多样性大国之一，在保护生物多样性方面承担了大国责任和义务。但是，原有的自然保护地缺乏系统规划，存在重叠设置、多头管理、边界不清、权责不明、保护与发展矛盾突出等问题，极大地影响了综合保护效果。为从根本上解决这些问题，中央提出建立国家公园体制，旨在通过变革性措施提升自然保护地成效，促进人与自然和谐共处。

　　中国的国家公园，是指以保护具有国家代表性的自然生态系统为主要目的，实现自然资源科学保护和合理利用的特定陆域或海域，是中国自然生态系统中最重要、自然景观最独特、自然遗产最精华、生物多样性最富集的部

分，保护范围大，生态过程完整，具有全球价值、国家象征，国民认同度高。国家公园的首要功能是生态保护，兼具科研、教育、游憩等综合功能。国家公园建设坚持生态保护第一、国家代表性、全民公益性的理念。

第二节　国家公园发展阶段

国家公园从理念提出、探索实践到全面建设经历了如下阶段。

一、国家发展和改革委员会牵头国家公园体制试点阶段

2013 年 11 月，党的十八届三中全会首次提出"建立国家公园体制"，按照贯彻实施党的十八届三中全会精神的部门分工，国家公园体制改革事项由国家发展和改革委员会（以下简称"国家发展改革委"）牵头实施。2015 年 5 月，国家发展改革委等 13 部门联合印发《建立国家公园体制试点方案》。2015 年 9 月，中共中央办公厅、国务院办公厅印发《生态文明体制改革总体方案》。2017 年 9 月，中共中央办公厅、国务院办公厅印发《建立国家公园体制总体方案》，同年 10 月，党的十九大报告肯定了"国家公园体制试点积极推进"。

二、国家林业和草原局（国家公园管理局）牵头国家公园体制试点阶段

2018 年 3 月，党和国家机构改革，组建国家林业和草原局（以下简称"国家林草局"），加挂国家公园管理局牌子，负责管理国家公园等各类自然保护地，国家公园体制建设相关职能由国家发展改革委转隶到国家林业和草原局。2019 年 6 月，中共中央办公厅、国务院办公厅印发《关于建立以国家公园为主体的自然保护地体系的指导意见》。2020 年 11 月，国家林草局向中央提交《国家公园体制试点工作总结报告》。

三、国家公园全面建设阶段

2021 年 6 月，由国家林草局与中国科学院共建的国家公园研究院正式揭牌。2021 年 10 月，习近平主席在《生物多样性公约》第十五次缔约方大会上宣布正式设立三江源、大熊猫、东北虎豹、海南热带雨林、武夷山等第一批国家公园。2021 年 11 月，党的十九届六中全会审议通过《中共中央关于党的百年奋斗重大成就和历史经验的决议》，将"建立以国家公园为主体的自然保护地体系"列为重大工作成就之一。2022 年 1 月，习近平主席在世界经济论坛重要讲话中提出"中国正在建设全世界最大的国家公园体系"。随后，中央有关部门先后印发《国家公园等自然保护地建设及野生动植物保护重大工程建设规划（2021—2035 年）》《国家公园管理暂行办法（林保发〔2022〕64 号）》《关于推进国家公园建设若干财政政策的意见（国办函〔2022〕93 号）》。2022 年 10 月，党的二十大报告中指出"推进以国家公园为主体的自然保护地体系建设"。2022 年 11 月，习近平主席在《湿地公约》第十四届缔约方大会开幕式上宣布中国制定了《国家公园空间布局方案》。

第三节　国家公园试点

自 2015 年 12 月以来，中国陆续设立了 10 个国家公园体制试点区，涉及 12 个省份，总面积达 22.3 万 km^2（图 1-1）。国家公园体制试点区保护了森林、草地、湿地、荒漠等不同类型的生态系统，以及大熊猫、东北虎、海南长臂猿等珍稀濒危物种（表 1-1）。

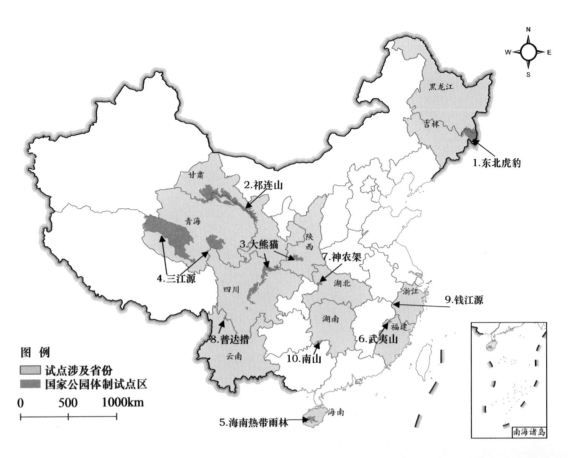

图1-1 中国首批国家公园体制试点区空间分布

表 1-1　国家公园体制试点区基本信息

试点区	批复时间	批复机构②	面积（km²）①	典型生态系统类型	代表性物种
三江源	2015.12	中央深改组	123100	高寒草原、高寒荒漠	雪豹、藏羚
大熊猫	2016.12	中央深改组	27134	寒温性针叶林、亚热带常绿阔叶林	大熊猫、川金丝猴
东北虎豹	2016.12	中央深改组	14612	温带针阔混交林	东北虎、东北豹
祁连山	2017.06	中央深改组	50237	温带荒漠草原、寒温性针叶林	雪豹、白唇鹿
海南热带雨林	2019.01	中央深改委	4401	热带雨林、季雨林	海南长臂猿、坡鹿
神农架	2016.05	国家发展改革委	1184	亚热带常绿落叶阔叶混交林	川金丝猴、林麝
武夷山	2016.06	国家发展改革委	1001	亚热带常绿阔叶林	黄腹角雉、金斑喙凤蝶
钱江源	2016.06	国家发展改革委	758	亚热带常绿阔叶林	黑麂、百山祖冷杉
南山	2016.07	国家发展改革委	636	亚热带常绿阔叶林	林麝、中华穿山甲、资源冷杉
普达措	2016.10	国家发展改革委	602	高原内陆湖泊、寒温性针叶林	黑颈鹤、松口蘑

注：①武夷山和神农架试点区面积相比《试点实施方案》批复时略有调整，钱江源试点区 2020 年纳入丽水市百山祖片区，按"一园两区"思路建设。②中央深改组全称为中央全面深化改革领导小组。

一、试点建设过程

2015 年 12 月，中央全面深化改革领导小组会议通过《三江源国家公园体制试点方案》，标志着中国首个国家公园体制试点区启动。2016 年 5 至 10 月，国家发展改革委陆续批复神农架、武夷山、钱江源、南山、长城、普达措等 6 个试点区的试点实施方案。2016 年 12 月，中央全面深化改革领导小组会议通过《大熊猫国家公园体制试点方案》《东北虎豹国家公园体制试点方案》，2017 年 6 月，又通过《祁连山国家公园体制试点方案》。2018 年，长城终止国家公园体制试点，加入国家文化公园建设序列。2019 年 1 月，中央全面深化改革委员会（2018 年 3 月根据《深化党和国家机构改革方案》由原中央全面深化改革领导小组改成）会议通过《海南热带雨林国家公园体制试点方案》。

为推进国家公园体制试点工作，国家林草局于 2019 年和 2020 年两次委托中国科学院生态环境研究中心牵头对 10 个国家公园体制试点区开展第三方评估工作。

二、试点经验与成效

试点区建设通过优化空间布局、完善管理体系、加大资金投入、加大监管力度、深化科研合作、促进社区发展等措施，取得了良好成效。

（一）优化空间布局

相比于原有的自然保护地，共有 3.6 万 km^2 的非保护地纳入国家公园试点区受到保护，有 4.6 万 km^2 的区域新增为核心保护区受到严格保护。绝大部分区域的管理级别维持不变或有所提升，东北虎豹、海南热带雨林、钱江源、南山等 4 个试点区超过 40% 的区域由非保护地转化而来，钱江源、南山、神农架、普达措、海南热带雨林等 5 个试点区超过 30% 的区域上调为核心保护区。10 个国家公园试点区覆盖的典型自然生态系统面积平均增加了 59.6%，生物多样性优先区域面积平均增加了 59.6%，水源涵养、土壤保持、防风固沙等生态系统服务关键区面积平均增加了 54.1%。

（二）完善管理体系

各国家公园试点区都组建了国家公园管理机构，推进了自然保护地机构和人员整合，完成了试点区范围内的自然资源确权登记，基本实现了由一个部门统一行使国家公园管理职责。10 个试点区形成了中央垂直管理、中央与地方共同管理、地方管理 3 种管理模式（表 1–2）。为保障国家公园体制顺利运行，各试点区积极推动实施"一园一法"，编制总体规划，为国家公园建设管理提供了基本保障。

（三）加大资金投入

国家公园体制试点期间，资金投入力度不断加大。中央层面，国家发展改革委除在原有的中央预算内投资专项中安排资金外，专门在文化旅游提升工程专项下安排国家公园体制试点资金，2017—2020 年共投资 38.69 亿元；

表 1-2　国家公园体制试点区管理体制情况

试点区	管理机构成立时间	机构设置情况	管理模式	管理条例或办法
东北虎豹	2017.08	依托国家林业和草原局长春专员办组建东北虎豹国家公园管理局	国家林业和草原局代表中央垂直管理	《东北虎豹国家公园管理办法》（提交审议）
祁连山	2018.10	依托国家林业和草原局西安专员办组建祁连山国家公园管理局，在甘肃、青海两省林草原局加挂省级管理局牌子	国家林业和草原局与省政府双重领导，以省政府为主	《祁连山国家公园管理条例》（提交审议）
大熊猫	2018.10	依托国家林业和草原局成都专员办组建大熊猫国家公园管理局，在四川、陕西、甘肃3省林草局加挂省级管理局牌子	国家林业和草原局与省政府双重领导，以省政府为主	《大熊猫国家公园管理办法》（提交审议）
三江源	2016.06	组建三江源国家公园管理局，为正厅级省政府派出机构	青海省政府垂直管理	《三江源国家公园条例（试行）》颁布实施
海南热带雨林	2019.04	在海南省林业局加挂海南热带雨林国家公园管理局牌子	海南省政府垂直管理	《海南热带雨林国家公园条例（试行）》颁布实施
武夷山	2017.03	组建武夷山国家公园管理局，为正处级行政机构	福建省政府垂直管理	《武夷山国家公园条例（试行）》颁布实施
神农架	2016.07	组建神农架国家公园管理局，为正处级事业单位	湖北省政府垂直管理，委托神农架林区政府代管	《神农架国家公园保护条例》颁布实施
普达措	2018.08	组建普达措国家公园管理局，为正处级事业单位	云南省政府垂直管理，委托迪庆藏族自治州政府代管	《云南省迪庆藏族自治州香格里拉普达措国家公园保护管理条例》颁布实施
钱江源	2017.03	组建钱江源国家公园管理局，为正处级行政机构	浙江省政府垂直管理	《钱江源国家公园管理办法（试行）》颁布实施
南山	2017.10	组建南山国家公园管理局，暂不确定级别，按副厅级架构，事业单位性质	湖南省政府垂直管理，委托邵阳市政府代管	《南山国家公园管理办法》颁布实施

财政部 2017—2019 年通过一般性转移支付安排各试点省共 9.8 亿元，2020 年将国家公园支出纳入了林业草原生态保护恢复资金，并安排预算 10 亿元。省级和地方财政持续增加配套资金和专用经费，海南热带雨林、武夷山、钱江源、南山等 4 个试点区的省级和地方财政投入超过总资金量的 60%，神农架试点区接近 50%。此外，中国绿化基金会、全球环境基金等社会组织对国家公园保护事业的支持力度逐步加大，试点以来，10 个试点区累计获得捐赠价值超过 2 亿元。

（四）加大监管力度

各试点区生态保护力度持续加强，人类活动监管能力有效提升。通过开展综合科学考察或主要保护对象专项调查，基本摸清了国家公园的本底资源；通过建立完善天空地一体化监测巡护体系，较大提升了监测监管的信息化、智能化水平；通过积极开展专项保护行动，有效遏制了破坏生态的违法犯罪行为；通过开展自然恢复为主、必要人工措施为辅的生态修复工程，促进了生态系统服务功能提升以及动植物栖息地恢复。

（五）深化科研合作

各试点区积极搭建国家公园研究机构，深化合作机制，有效提升了国家公园的科研水平。各试点区在原有科研条件基础上，建立或共建国家公园科研机构 20 余个，涉及高校和科研院所等单位数十家，汇聚了一批多学科领域和行业背景的高水平人才，形成了强大的智力支持（表 1-3）。试点以来，10 个试点区内开展的研究工作已产生一系列学术论文，其中不乏具有全球影响力的研究成果。依托深化合作产生的科研成果已经开始应用于实际保护管理工作，为国家公园的建设与管理、生态系统恢复、物种保护等提供了有力支撑。

表 1-3　国家公园体制试点期间建立的代表性科研机构

试点区	科研机构	发起成立单位
东北虎豹	东北虎豹监测与研究中心	国家林业和草原局、北京师范大学
祁连山	祁连山生态环境研究中心	中国科学院西北生态环境资源研究院、兰州大学等
大熊猫	四川省大熊猫科学研究院	大熊猫国家公园四川省管理局
三江源	三江源国家公园研究院	中国科学院、青海省政府
海南热带雨林	海南国家公园研究院	海南省林业局、海南大学等
武夷山	武夷山国家公园研究院	武夷山国家公园管理局、福建农林大学
神农架	神农架国家公园研究院	中国林业科学研究院、湖北省林业局、神农架国家公园管理局
普达措	普达措国家公园科研监测中心	普达措国家公园管理局
钱江源	钱江源国家公园研究院	钱江源国家公园管理局
南山	中南林业科技大学国家公园研究院	中南林业科技大学、南山国家公园管理局

（六）促进社区发展

各试点区积极推动社区共建共管，传播国家公园理念，探索生态产品价值实现路径，促进了社区和谐发展（表 1-4）。通过提高国家公园生态补偿范围和标准、聘用生态管护员、改善生产生活设施、加强集体土地统一管理，既提高了自然资源的保护效率，又增加了社区居民收入；通过加强宣传引导、推广科普教育、提升游憩体验等措施，促进了生态文明思想和国家公园理念广泛传播；通过推动特许经营、开展技能培训、扶持绿色产业等措施，有效改善了民生，缓解了保护与发展之间的矛盾。

表 1-4 国家公园体制试点区社区发展的主要做法与成效

试点区	主要做法与成效
东北虎豹	聘用生态管护员,提升居民收入;积极宣传国家公园体制试点和全民所有自然资源资产管理体制试点精神和国家公园价值,得到社会广泛认同;依托龙头企业实施产业转型,吸纳森工企业职工和贫困户就业增收
祁连山	严格执行草原生态保护补助奖励政策,将禁牧农牧户、搬迁移民农牧户、退耕还林农牧户聘选为生态管护员,平均每人每年增加收入 19200 元;在试点村安排专职宣传员,平均每人每年增加收入 12000 元
大熊猫	妥善安置原住居民和国有森工企业职工,聘用生态管护员,每人年均获得工资性收入 18555 元;新建和改扩建基础设施,提升防洪堤、环境卫生等民生设施;打造大熊猫特色文创小镇,扶持中药材、蜂蜜等绿色产业
三江源	实施生态公益岗位("一户一岗")吸纳一批、培训技能转岗吸纳一批、特许经营吸纳一批、工程建设吸纳一批、传统产业升级吸纳一批的"五个一批"扶贫模式,年补助资金达 3.72 亿元,户均年收入增加 21600 元;让更多牧民参与到生态保护中来,民族文化得到尊重,群众对国家公园的认同感明显提高,促进了区域团结与社会稳定
海南热带雨林	在平等协商、价值相当的基础上,通过土地置换和就业安置,实现了老百姓生活有改善、生产有保障、享受公共服务水平明显提高,搬得出、住得下、能致富的生态搬迁目标
武夷山	提高国家公园范围内公益林补偿标准;对主景区内集体山林实行"两权分离"管理,所有权归村民,使用管理权归国家公园管理机构,对林权所有者实行补偿,补偿额度随游憩收入增长联动递增;打造生态茶业、生态游憩等绿色支柱产业
神农架	聘请社区居民参与生态管护;实行以电代柴的补贴机制;建立农业兽灾商业保险机制;建立中药材"农户+基地+合作社"发展模式,实施"以奖代补"、特许经营服务等模式,鼓励和扶持社区经济发展
普达措	通过小范围的资源非消耗性利用,推动大范围的有效保护,每年从游憩收入提取生态补偿资金,按照"人均+户均"的方式,分区分级实施补偿,并建立教育资助制度;聘请原住居民参与管护,提供环卫、解说等服务,增加工资性收入;改善社区基础设施
钱江源	全面实施地役权改革补偿,补偿资金纳入省财政预算,落实集体林生态补偿机制;启动"柴改气"补偿试点;安排专项资金整治社区环境,改善生产生活设施;成立绿色发展协会,推动"钱江源国家公园"集体商标注册,提升"钱江源国家公园"品牌价值
南山	国家公园体制试点与脱贫攻坚相结合:实施公益林扩面工程,将符合条件的商品林纳入公益林和天保林管理范畴;实施经营权租赁流转,提高公益林补偿标准;引导一般控制区居民发展林下经济;试点期间,22 个贫困村全部脱贫,当地居民人均可支配收入提升 47.2%

三、试点存在的问题

（一）管理机构不完善

部分试点区国家公园管理机构名义上由省级政府管理，实际上实行市县代管，不符合《关于统一规范国家公园管理机构设置的指导意见》的规定，全民所有自然资源资产所有者权益难落实。此外，部分国家公园管理机构为事业单位性质，不具备行政执法职能，权责不匹配，存在国家公园内的执法主体不统一、综合执法机制不畅通、行政执法与刑事司法之间缺乏有效衔接等问题。

（二）法律制度不完善

《国家公园法》尚未出台，国家公园不同管控分区的细化管控要求不明确。核心保护区和一般控制区内分别有哪些行为是允许的，哪些行为是明确禁止的，监管部门对不同管控分区的督察依据是什么，这些问题在试点期间都没有明确答案。部分国家公园管理仍依据《中华人民共和国自然保护区条例》《中华人民共和国风景名胜区条例》等，部分条款内容已不合时宜，不同规定之间还存在冲突，不符合国家公园的定位与建设要求，实践操作性较差。

（三）资金保障机制不完善

国家公园财政事权和支出责任划分存在不清晰、不合理、不规范的问题。试点期间，中央和地方政府对于国家公园的事权和支出责任划分不明确，政府各部门之间横向事权和支出责任不清晰，协调机制缺失。各级财政对国家公园的投入来源分散，同时还存在部分基础设施提升项目经费执行率低、生态搬迁和工矿企业退出经费不足等问题。国家公园内的自然资源允许何种形式、何种程度的利用没有形成共识，社会资金无法对财政进行有效补充。

（四）人才队伍建设滞后

国家公园试点区大多存在人员划转落实不到位、人员配置不健全、人员兼用、无编无岗等问题，影响了国家公园管理能力。各级部门普遍存在管理技术人才短缺、人才激励机制不完善等问题，难以满足国家公园建设需求。由于国家公园试点区大多位于社会经济相对落后的区域，部分试点区管理机构的级别、性质还不明确，缺乏对高层次管理技术人才的吸引力。

（五）保护与发展的矛盾仍然突出

国家公园范围内的居民长期以来的生产生活方式基本依赖于对当地自然资源的传统利用，在保护生态的同时妥善安置原住居民，提升其生产生活水平，是建设国家公园面临的巨大挑战。部分试点国家公园生态保护补偿远低于开发利用可能产生的收益，矿业权、水电站、风电站等历史遗留问题解决难度大，绿色产业发展滞后。

（六）空间范围不合理

部分国家公园试点区仍存在空间范围不合理的问题。例如，从国家公园完整性角度考虑，三江源、武夷山、神农架、普达措、南山等试点区都存在一定程度的欠缺：三江源试点区未将完整的长江源头和黄河源头纳入；武夷山、神农架、普达措、南山等试点区范围还不足以反映完整生态过程，毗邻区域中具有保护价值的区域因跨行政区域、管理机构难以整合等原因没有被纳入国家公园范围内。此外，部分试点区在规划国家公园范围和管控分区边界时，未开展充分的实地勘验，存在矛盾冲突隐患。

第四节　国家公园正式设立

经过 5 年多的试点探索，三江源、大熊猫、东北虎豹、海南热带雨林、武夷山等第一批国家公园正式设立，标志着国家公园体制这一重大制度创新落地生根。经初步核算，第一批 5 个国家公园总面积达 23.2 万 km^2，整合了 6 类 125 个原有自然保护地，有 5.4 万 km^2 的非保护地被纳入国家公园受到保护。首批国家公园保护了大熊猫、东北虎、雪豹、海南长臂猿、金斑喙凤蝶等 31.3% 的国家重点保护野生动物，水杉、东北红豆杉、坡垒、水松等

28.5% 的国家重点保护野生植物，提供了水源涵养、土壤保持、防风固沙、固定二氧化碳、气候调节、调节洪水、旅游等生态产品，是国家和区域重要的生态安全屏障。

一、三江源国家公园

三江源国家公园地处青海省西南部，总面积 19.07 万 km²。三江源是长江、黄河、澜沧江的发源地，发育和保持着原始、大面积的高寒生态系统以及世界上海拔最高、面积最大的高原湿地生态系统，被誉为"中华水塔"，是亚洲乃至世界上孕育大江大河最集中的地区之一，我国重要的淡水供给地，每年为流域 18 个省份和 5 个国家提供近 600 亿 m³ 的优质淡水，是数亿人的生命之源，也是我国经济社会可持续发展的重要保障；保留了许多珍贵的孑遗物种，进化发育了大量适应高寒生态环境的特有物种，素有"高寒生物种质资源库"之称，记录有唐古红景天、羽叶点地梅、水母雪兔子等国家重点保护野生植物 11 种，雪豹、藏羚、黑颈鹤等国家重点保护野生动物 84 种。

三江源国家公园基本建成了与统一行使全民所有自然资源资产所有者权、统一行使所有国土空间管制权"两个统一行使"相适应的体制机制，基本实现了国家公园内自然资源综合执法，基本形成了园地协同保护、社会广泛参与的新格局。自然禀赋与文化传承相得益彰，世居群众对高原生态环境的脆弱与自然资源的珍贵有着深切体验，敬畏自然、敬畏生命的朴素生态理念世代相传，人与自然和谐共存的信念和文化传统深入人心。

二、大熊猫国家公园

大熊猫国家公园地处青藏高原东缘、四川盆地向青藏高原过渡的岷山、邛崃山、大小相岭等高山峡谷地带，地跨四川、甘肃、陕西三省。大熊猫国家公园涵盖了亚热带常绿阔叶林-常绿落叶阔叶混交林-温性针叶林-寒温性针叶林-灌丛和灌草丛-草甸等完整的亚热带山地垂直带谱，是长江上游生态屏障核心区；属于全球生物多样性热点区，拥有包括大熊猫、川金丝猴、珙桐、红豆杉等珍稀动植物在内的 8000 多种野生动植物；保护了全球野生大熊猫分布核心区域，有野生大熊猫 1340 只，约占全国野生大熊猫总数的 72%。

大熊猫国家公园积极推动自然生态系统原真性、完整性保护，逐步增强大熊猫栖息地连通性；强化长江上游流域生态修复，保护和改善流域生态服务功能，推动长江经济带高质量可持续发展；充分利用大熊猫的国际吸引力，积极推动自然教育、生态体验等绿色产业发展，探索生态产品价值实现路径。

三、东北虎豹国家公园

东北虎豹国家公园地处中国、俄罗斯、朝鲜三国交界地带，总面积 1.41万 km²，地跨吉林和黑龙江两省。东北虎豹国家公园是北半球中温带针阔混交林生态系统集中分布区的典型代表，涵盖了东北虎、东北豹稳定利用的栖息地、潜在栖息地，以及生态系统原真性高、生物多样性富集、江河源头汇水区等关键区域；是我国境内食物链最完整、唯一具有野生东北虎、东北豹繁殖家族的地区，拥有我国最大的东北虎、东北豹野生种群。

东北虎豹国家公园着力推进监测监管智能化水平，基本实现了对园内东北虎、东北豹等主要保护对象和人类活动干扰的实时监测；持续推进中俄跨境保护合作，树立国际野生动物保护负责任大国形象，成为中国生态文明建设的靓丽名片、野生动物保护国际合作的典范。

四、海南热带雨林国家公园

海南热带雨林国家公园位于海南岛中南部，涉及五指山、琼中、白沙、东方、陵水、昌江、乐东、保亭、万宁等 9 个市（县），总面积 4269km²。海南热带雨林国家公园保护了我国分布最集中、类型最多样、连片面积最大、保存最完好的大陆性热带雨林，沿海拔梯度分布有低地雨林、山地雨林、云雾林等，是世界热带雨林的独特类型；涵盖了南渡江、昌化江、万泉河等海南岛主要江河的源头，具有重要的涵养水源、固碳释氧、土壤保持、气候调节和灾害防护等功能，是"水库""粮库""钱库"和"碳库"；属于全球生物多样性热点区，也是中国生物多样性最富集区域之一，是全球最濒危的灵长类动物海南长臂猿全球唯一分布地。

海南热带雨林国家公园建设坚持高层引领和高位推动，习近平总书记在海南考察时指出"海南热带雨林国家公园是国宝"，强调"海南以生态立省，海南热带雨林国家公园建设是重中之重"。海南省委、省政府将海南热带雨林国家公园建设列为海南全面深化改革开放的 12 个先导性项目之一，建设国家生态文明试验区的五大标志之首。海南热带雨林国家公园在科研监测体系建设、国际合作、社区发展等方面积累了丰富经验。

五、武夷山国家公园

武夷山国家公园位于福建和江西边界，涉及福建省南平市和江西省上饶市的 5 个区（县），总面积 1280km²。武夷山国家公园拥有我国浙闽沿海东南山地最典型、世界同纬度带最完整、面积最大的中亚热带原生性森林生态系统，拥有我国大陆东南地区第一高峰黄冈山，是华东地区重要生态安全屏障；是目前唯一的世界文化与自然双重遗产国家公园，自然与文化和谐统一，拥有"碧水丹山"的独特景观风貌，是我国重要的佛道名山、朱子理学发源传承地，以及世界乌龙茶和红茶发源地；是我国生物多样性保护优先区域之一，记录有高等植物 3404 种、脊椎动物 775 种，是著名的物种基因库和生物模式标本产地，以武夷山为模式标本产地的动植物多达 1000 余种。

武夷山国家公园建设坚持高层引领和高位推动，习近平总书记到武夷山国家公园视察时指出"武夷山有着无与伦比的生态人文资源，是中华民族的骄傲"。国家林业和草原局与福建和江西两省人民政府建立了三方协调机制，形成中央与地方协调联动、合力推进国家公园建设工作的格局；福建和江西两省都为国家生态文明建设示范区，将武夷山国家公园建设作为生态文明建设的标志性工程。武夷山国家公园在自然生态系统保护、科普宣教和社区协同发展等方面积累了丰富经验，为高质量推进国家公园建设奠定了良好的基础。

第五节　国家公园全面建设

第一批国家公园正式设立以来，国家公园进入全面建设新阶段。国家层面陆续出台一系列重要文件，指导和规范国家公园的建设与管理。

一、设立程序

为规范国家公园设立工作，国家林业和草原局（国家公园管理局）组织编制了《国家公园设立工作指南》，并印发了《国家公园创建设立审查办法》，明确国家公园设立分为创建和设立报批 2 个阶段。

（一）创建阶段

创建阶段包括创建申请、开展创建、成效评估 3 个环节。

1. 创建申请

省级林草主管部门向国家公园管理局报送国家公园创建方案，跨省创建区由相关省级林草主管部门联合报送。国家公园管理局组织审查、征求财政部意见后，将相关意见反馈省级林草主管部门修改完善。省级人民政府向国家公园管理局提出国家公园创建申请，国家公园管理局会同财政部有关部门审核批复启动创建工作，跨省创建区由国家公园管理局协调相关省级人民政府联合提出创建工作申请并报送材料。国家公园管理局也可会同有关部门商相关省级人民政府直接指定相关候选区启动创建工作。

2. 开展创建

相关省级人民政府组织开展本底调查，提出国家公园范围分区方案、管理机构设置建议方案、自然保护地处置意见、矛盾冲突调处方案，编制调查评估报告、社会影响评价报告、符合性认定报告，完成生态保护修复、监测监管、科普宣教和促进社区协调发展等重点任务。

3. 成效评估

完成创建任务后，经省级人民政府同意，由相关省级林草主管部门向国家公园管理局提出评估申请，报送自评报告等。跨省创建区由相关省级林草主管部门联合提出评估申请并报送材料。国家公园管理局对创建任务完成情况的相关材料组织审查，委托第三方机构开展成效评估，形成评估报告，提出是否具备设立条件的意见，国家公园管理局反馈相关省级人民政府。

（二）设立报批阶段

设立报批阶段包括申请设立、组织审查、呈报审批 3 个环节。

1. 申请设立

经评估具备设立条件的创建区，由相关省级人民政府按程序上报国务院，报送国家公园设立方案等材料要件，跨省创建区由国家公园管理局协调相关省级人民政府联合提出设立申请并报送材料。拟设区域如存在中央环保督察整改问题、受到中央有关督查检查考核通报批评、在重大政策措施落实和资金项目跟踪审计中发现存在违规违法违纪问题、发生自然资源和生态破坏等重大案件、引发重大负面舆情且造成社会不良影响的，须先完成问题整改，再提出申请。

2. 组织审查

国家公园管理局收到国务院转批的省级人民政府设立文件后，会同有关方面研究办理。国家公园管理局组织初审，将意见反馈相关省级人民政府。相关省级人民政府组织修改完善后，向国家公园管理局报送设立方案、范围和分区论证报告、省级人民政府出台的矛盾冲突调处方案及各类矛盾冲突的调处阶段任务完成情况，其他设立材料由省级林草主管部门报送。国家公园管理局组织审查论证，送有关部门和单位征求意见，其中，矛盾冲突调处方案中涉及的矿业权、水（风）电站（场）、确权海域等由相关部门重点审查。

国家公园管理局汇总专家、有关部门和单位意见反馈相关省级人民政府。相关省级人民政府组织修改完善，并对设立方案和范围分区公示后，将有关材料和意见采纳情况报国家公园管理局。

3. 呈报审批

国家公园管理局委托第三方机构对设立方案进行评估论证，通过第三方评估的，按程序呈报国务院。

二、创建设立情况

在原有的 5 个国家公园试点区基础上，有关省级人民政府积极提出国家公园创建申请，截至 2023 年 9 月，国家林业和草原局先后复函同意黄河口、秦岭等 12 个国家公园创建（图 1-2，表 1-5），并组织开展了部分国家公园创建工作评估及范围分区论证，国家公园设立工作在有序推进。

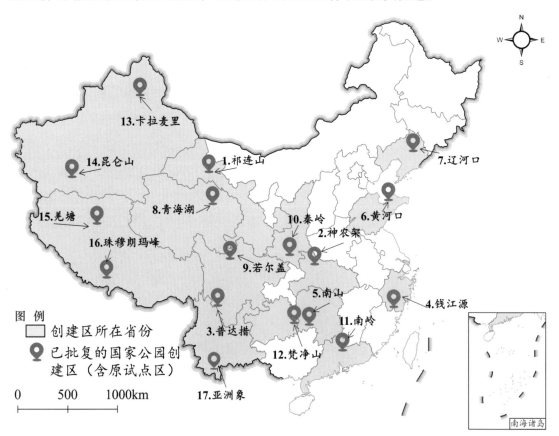

图 1-2　目前已批复的国家公园创建区（含原试点区）

表 1-5 国家公园创建区基本情况

国家公园	省级行政区	重要价值
祁连山	甘肃、青海	是我国西部重要生态安全屏障和重要水源产流地；属于我国生物多样性保护优先区域之一，保存有以雪豹、白唇鹿为代表的高度聚集的濒危物种及其典型栖息地；孕育了河西走廊绿洲，是欧亚大陆重要的贸易和文化交流通道
神农架	湖北、重庆	保存了北亚热带山地完整的植被垂直带谱；是三峡库区和丹江口水库的重要水源涵养地，长江经济带绿色发展的生态基石；保存有以川金丝猴为代表的珍稀濒危物种；保存有世界上最完整的晚前寒武纪地层单元
香格里拉	云南	保存了滇西北地区典型的森林-湖泊-沼泽-草甸复合生态系统，是原始高山针叶林的集中分布区；保存着第四纪以来历次冰川活动的地貌遗迹；融合了独特的高原特色景观以及藏族等世居少数民族文化，是人与自然和谐共生的胜境
钱江源-百山祖	浙江	保存了我国东部经济发达地区少有的原生性亚热带森林生态系统，是钱塘江、闽江、瓯江三大水系的重要源头区，长江三角洲区域重要生态安全屏障；涵盖了孑遗植物百山祖冷杉的全球分布区，也是特有动物黑麂的集中分布区
南山	湖南	保存了大面积原生性中亚热带森林生态系统及完整的垂直带谱，是国家生态安全战略"南方丘陵山地屏障带"的重要组成部分；是东亚-澳大利西亚候鸟迁飞路线的重要通道；涵盖了世界自然遗产地中国丹霞——崀山的核心区域
黄河口	山东	是中国东部沿海地区人为干扰最少、湿地生态系统类型最丰富的地区；是鸟类迁徙路线的重要停歇地、越冬地和繁殖地，黄渤海区域海洋生物的重要种质资源库，洄游鱼类的重要产卵、育幼和索饵场所；是我国乃至世界大河中海陆变迁最活跃、面积增长最快的三角洲
辽河口	辽宁	是我国最北端河口湿地、最北滨海湿地，具有冻融特色；属于东亚-澳大利西亚候鸟迁飞路线的关键区域，涵盖的黑嘴鸥种群约占全球总数的 70% 左右，也是西太平洋斑海豹的重要繁殖地；拥有全球最大的芦苇荡、独具特色的红海滩等河口湿地景观
青海湖	青海	涵盖了我国最大的湖泊，还拥有河流、滩涂和沼泽等多种湿地类型，是维护青藏高原东北部生态安全的重要水体；是青藏高原上重要的生物基因库和国际候鸟迁徙通道的重要节点，形成了特有的"草—河—湖—鱼—鸟"共生生态链
若尔盖	四川	拥有世界上面积最大、分布最集中、保存较完好的高原泥炭沼泽湿地，是青藏高原生态屏障的重要组成部分；是东亚-澳大利西亚等多条全球鸟类迁徙路线的关键节点，是高原湿地旗舰物种黑颈鹤的重要栖息地、繁殖地

（续表）

国家公园	省级行政区	重要价值
秦岭	陕西	涵盖了秦岭山系主梁及核心区域，是我国的"中央水塔"；拥有常绿落叶阔叶混交林、针阔混交林等兼具北亚热带和暖温带地带性的森林生态系统；是大熊猫、朱鹮、川金丝猴、羚牛等旗舰物种的集中分布区；是中华民族的祖脉、中华文化的象征
南岭	广东	是南亚热带常绿阔叶林的典型分布区；阻隔了北方的寒冷气流、截留了东南季风携带的水汽，是粤港澳大湾区北部重要生态安全屏障；是鳄蜥、穿山甲和黄腹角雉等国家重点保护野生动物的集中分布区
梵净山	贵州	涵盖了武陵山地典型的常绿阔叶林生态系统，是长江经济带的重要生态安全屏障；是珍稀濒危动物黔金丝猴和裸子植物梵净山冷杉的全球唯一分布地；既是世界自然遗产地，也是中国佛教名山，自然与人文荟萃
卡拉麦里	新疆	保存有大面积典型的荒漠生态系统，是阻隔古尔班通古特沙漠东移的天然生态屏障；是蒙古野驴、鹅喉羚、普氏野马等温带荒漠有蹄类野生动物集中分布区；保存了数量众多、结构清晰、完整程度极高的巨型木化石、恐龙骨骼化石等自然遗迹，拥有干旱区特有的以雅丹地貌为代表的碎屑岩地貌自然景观
昆仑山	新疆	是我国高原荒漠和高寒草原生态系统典型代表，发育有丰富的高寒荒漠雪山冰川，是我国乃至亚洲的生态安全屏障、气候变化指示器；是雪豹、藏羚、野牦牛、藏野驴等珍稀濒危物种的重要分布区；拥有世界上海拔最高的流动性沙漠、古岩溶地貌
羌塘	西藏	拥有世界上中低纬度最大的冰川群、地球上两极地区以外最大的冰原和世界上最典型且壮观的冰塔林，是"亚洲水塔"和全球"气候稳定器"的重要组成部分；是全球藏羚和野牦牛野外种群数量最多、遗传多样性最丰富的区域，还是雪豹、黑颈鹤等珍稀濒危动物的重要栖息地
珠穆朗玛峰	西藏	拥有以珠穆朗玛峰为代表的世界极高山群，发育有世界上海拔最高、形成时代最近的现代冰川群，是全球大气环流的"驱动器"以及气候变化的"响应器"；是高地型和喜马拉雅山地特有野生动植物的种质基因库，具有不可替代性；完整记录了喜马拉雅新构造运动的全过程
亚洲象	云南	拥有北半球罕见的高纬度大陆型热带雨林，是澜沧江流出境外前的关键区域，对于维护澜沧江-湄公河流域的生态安全具有重大意义；属于全球生物多样性热点区，是世界野生亚洲象分布的东北缘，也是我国野生亚洲象最核心的分布区域

三、规划编制

为规范国家公园总体规划编制和管理工作，国家林业和草原局（国家公园管理局）印发了《国家公园总体规划编制和审批管理办法（试行）》及实施细则。

（一）国家公园规划体系

国家公园的规划体系包括设立方案、总体规划、各专项实施方案、管理计划等。其中，设立方案由国务院批复，为纲领性规划，主要明确国家公园核心价值、范围分区、运行机制、主要任务和基本保障；总体规划由国家公园管理局批复，为综合性规划，主要明确国家公园管理目标、管控要求、建设布局、治理体系、重点任务项目和"多规"融合；专项实施方案由省级政府批复，为专业性规划，主要明确国家公园保护、建设、管理相关重点领域或区域的管理目标、任务、工程项目、时空和资金安排；管理计划由省级主管部门或国家公园管理机构批复，为操作性规划，主要明确国家公园相关领域任务、重点，确定完成任务的时间表和路线图，以及组织、资金和绩效要求。

（二）总体规划的编制主体与编制要求

国家公园管理局负责指导编制和审批国家公园总体规划并监督实施。中央政府委托省级人民政府代理行使全民所有自然资源资产所有者职责的国家公园，总体规划的编制主体是省级人民政府，国家公园管理机构具体承担。涉及多个省份的，由各省分别编制，面积较大的省牵头汇总，局省联席会议协调推进机制办事机构组织协调。中央政府直接履行全民所有自然资源资产所有者职责的国家公园，总体规划的编制主体是国家公园管理机构。

总体规划范围和管控分区要与国务院批复的设立方案一致；细化落实设立方案中明确的重点任务，内容和深度应符合国家相关法律法规及政策要求，与国家相关重大战略、重点规划相衔接。因主要保护对象变化、生态系统保护等需要，总体规划范围和管控分区与设立方案发生变化的，相关省级人民政府需将调整斑块落地上图并公示，向国务院报送调整的请示。国务院批转至国家公园管理局后，由国家公园管理局组织开展总体规划审核评估、征求意见、召开专家评审会，经研究审定后，报国务院批准。在国务院批准前，暂不批复总体规划。

（三）总体规划审批程序

总体规划的审批程序包括报审、评估论证、报批、终审、印发实施、社会公开等。

报审：总体规划送审稿经省级人民政府同意，由国家公园管理机构报送国家公园管理局；涉及多个省份的，由国家公园面积较大的省的国家公园管理机构牵头联合报送，局省联席会议协调推进机制办事机构进行协调。

评估论证：国家公园管理局国家公园中心、国家公园研究院组织专家现地考察，召开论证会，形成专家考察意见和论证意见。同时，国家公园管理局征求中央编办、国家发展改革委、财政部、自然资源部、生态环境部、水利部、农业农村部、国家能源局等党中央和国务院有关部门意见，并征求局内相关司局单位意见。相关意见经汇总、研究、审定后，反馈国家公园管理机构修改完善。

报批：总体规划报批稿由省级人民政府报送国家公园管理局审批，涉及多个省份的，由国家公园面积较大的省牵头联合报送。中央直管的，由国家公园管理机构征求相关省级人民政府意见后报送。国家公园管理机构具体负责组织审图、公示和合法合规性审查。

终审：国家公园管理局以及自然资源部、水利部、农业农村部、国家能源局相关司局单位，对报批材料进行联合审查，出具联合审查意见。国家公园研究院组织总体规划论证专家组进行复审，出具专家复审意见。审查通过的总体规划报批稿由国家公园管理局局务会审定，形成会议纪要。终审未通过的退回报送单位。

印发实施：国家公园管理局局务会审定的总体规划，以局文批复相关省级人民政府并监督实施；中央直管的国家公园，批复国家公园管理机构并监督实施。

社会公开：总体规划印发后，在国家公园管理局网站上公开，涉及国家重大战略和军事、国防等情况的，应依法依规予以保密。

截至 2023 年 10 月，第一批 5 个国家公园的总体规划已印发实施。

四、机构设置

2020 年 11 月，中央机构编制委员会（以下简称"中央编委"）印发《关于统一规范国家公园管理机构设置的指导意见》，重点阐明了国家公园管理模式、管理机构职责、机构设置等。

（一）管理模式

国家公园由国家确立并主导管理，国家林业和草原局（国家公园管理局）负责国家公园设立、规划、建设和特许经营等工作，负责中央政府直接行使所有权的国家公园的自然资源资产管理和国土空间用途管制、保护修复等。

根据不同国家公园特点及管理实际，国家公园管理机构实行两种模式：一是园区内全民所有自然资源资产所有权由中央政府直接行使的国家公园，在国家林业和草原局（国家公园管理局）设立管理机构，实行国家林业和草原局（国家公园管理局）与国家公园所在地省级政府双重领导、以国家林业和草原局（国家公园管理局）为主的管理体制。二是园区内全民所有自然资源资产所有权由中央政府委托相关省级政府代理行使的国家公园，在所在地省级政府设立管理机构，实行省级政府与国家林业和草原局（国家公园管理局）双重领导、以省级政府为主的管理体制，自然资源部、国家林业和草原局（国家公园管理局）对国家公园管理工作开展派驻监督。

（二）主要职责

国家公园管理机构的主要职责包括：负责国家公园及其接邻自然保护地全民所有自然资源资产管理；编制国家公园保护规划和年度计划；落实自然资源有偿使用制度，承担园区内自然资源资产调查、监测、评估工作，配合开展国家公园自然资源确权登记，编制国家公园自然资源资产负债表等；负责园区内生态保护修复工作，编制国家公园生态修复规划，组织实施有关生态修复重大工程；承担特许经营管理、社会参与管理、宣传推介等工作；依法履行自然资源、林业草原等领域相关执法职责等。

（三）机构设置

国家公园管理机构设置原则上实行"管理局—管理分局"两级管理。管理局、管理分局主要承担规划计划、政策制定、监督管理等职责，明确为行政机构。统筹考虑管护面积、资源类型等因素，管理分局设立保护站，承担一线资源调查、巡护管护等事务性工作，可明确为事业单位。园区面积较小的国家公园，可不设管理分局，管理局直接下设保护站。对于涉及重点国有林区范围的国家公园，保护站的工作可以以购买服务的方式，委托现有国有森工企业承担，不另设机构。加强国家公园支撑力量建设，依托或整合现有事业单位设立综合性机构承担监测、科研、宣教等工作，也可由高等院校、科研院所、社会组织、企业等承担相关工作。

国家公园管理机构由现有机构整合组建，原则上不升格。以国家林业和草原局（国家公园管理局）为主管理的原则上为厅局级；以所在地省级政府为主管理的不高于省级政府所属工作部门机构级别，列入省政府派出机构，在省级机构总量内统筹考虑。省域范围内设立多个国家公园的，可在省级林草部门加挂省级国家公园管理局的牌子，统筹协调本省范围内各国家公园管理机构的相关工作。在组建国家公园管理机构过程中，要整合园区内现有各类自然保护地相关机构，实现"一个公园一套机构"，同时按照生态系统整体保护、系统修复、综合治理的要求，国家公园管理机构可一并承担接邻自然保护地管理职责。

截至 2023 年 9 月，第一批正式设立的 5 个国家公园的机构设置方案已报中央编委，东北国家公园管理局机构设置方案已获中央编委批复。

五、资金保障

2022 年 9 月，财政部、国家林业和草原局（国家公园管理局）印发《关于推进国家公园建设若干财政政策意见》，明确了国家公园的财政支持重点方向，搭建了财政支持政策体系。

（一）财政支持重点方向

财政支持的 5 个重点方向分别为生态系统保护修复、国家公园创建和运行管理、国家公园协调发展、保护科研和科普宣教、国际合作和社会参与。

生态系统保护修复主要包括：支持推进山水林田湖草沙一体化保护和修复，加强自然资源、生物多样性保护及受损自然生态系统和自然遗迹保护修复，完善森林草原防火、有害生物防治和野生动物疫源疫病防控体系等。

国家公园创建和运行管理主要包括：加强自然资源资产管理，支持国家公园开展勘界立标、自然资源调查和资产核算、规划编制等，完善基础设施，保障国家公园管理机构人员编制、运行管理等相关支出。

国家公园协调发展主要包括：支持开展生态管护和社会服务，平稳有序退出不符合管控要求的人为活动，引导合理规划建设入口社区等。

保护科研和科普宣教主要包括：健全天空地一体化综合监测体系，支持

碳汇计量监测，推进重大课题研究，加快科技成果转化应用，完善科研宣教设施，培育国家公园文化等。

国际合作和社会参与主要包括：支持国际交流与合作，健全社会参与和志愿者服务机制，搭建多方参与合作平台，推进信息公开和宣传引导，完善社会监督机制等。

（二）财政支持政策体系

通过"合理划分国家公园中央与地方财政事权和支出责任""加大财政资金投入和统筹力度""建立健全生态保护补偿制度""落实落细相关税收优惠和政府绿色采购等政策""积极创新多元化资金筹措机制"等 5 个方面建立财政支持政策体系。

1. 事权划分

中央政府直接行使全民所有自然资源资产所有权的国家公园管理机构运行和基本建设，确认为中央财政事权，由中央承担支出责任。国家公园生态保护修复和中央政府委托省级政府代理行使全民所有自然资源资产所有权的国家公园基本建设，确认为中央与地方共同财政事权，由中央与地方共同承担支出责任。国家公园内的经济发展、社会管理、公共服务、防灾减灾、市场监管等事项，中央政府委托省级政府代理行使全民所有自然资源资产所有权的国家公园管理机构运行，确认为地方财政事权，由地方承担支出责任。

其他事项按照自然资源等领域中央与地方财政事权和支出责任划分改革方案相关规定执行。对中央政府直接行使全民所有自然资源资产所有权的国家公园共同财政事权事项，由中央财政承担主要支出责任。对地方财政事权中与国家公园核心价值密切相关的事项，中央财政通过转移支付予以适当补助。

　　2. 资金投入

　　建立以财政投入为主的多元化资金保障制度，加大对国家公园体系建设的投入力度。中央预算内投资对国家公园内符合条件的公益性和公共基础设施建设予以支持。加强林业草原共同财政事权转移支付资金统筹安排，支持国家公园建设管理以及国家公园内森林、草原、湿地等生态保护修复。优先将经批准启动国家公园创建工作的国家公园候选区统筹纳入支持范围。对预算绩效突出的国家公园在安排林业草原共同财政事权转移支付国家公园补助资金时予以奖励支持，对预算绩效欠佳的适当扣减补助资金。有关地方按规定加大资金统筹使用力度。探索推动财政资金预算安排与自然资源资产情况相衔接。

　　3. 生态保护补偿

　　结合中央财力状况，逐步加大重点生态功能区转移支付力度，增强国家公园所在地区基本公共服务保障能力。建立健全森林、草原、湿地等领域生态保护补偿机制。按照依法、自愿、有偿的原则，对划入国家公园内的集体所有土地及其附属资源，地方可探索通过租赁、置换、赎买等方式纳入管理，并维护产权人权益。将国家公园内的林木按规定纳入公益林管理，对集体和个人所有的商品林，地方可依法自主优先赎买。实施草原生态保护补助奖励政策。建立完善野生动物肇事损害赔偿制度和野生动物伤害保险制度，鼓励有条件的地方开展野生动物公众责任险工作。鼓励受益地区与国家公园所在地区通过资金补偿等方式建立横向补偿关系。探索建立体现碳汇价值的生态保护补偿机制。

4. 税收优惠和政府绿色采购

对企业从事符合条件的环境保护项目所得，可按规定享受企业所得税优惠。对符合条件的污染防治第三方企业减按 15% 税率征收企业所得税。对符合条件的企业或个人捐赠，可按规定享受相应税收优惠，鼓励社会捐助支持国家公园建设。对符合政府绿色采购政策要求的产品，加大政府采购力度。

5. 资金筹措

创新财政资金管理机制，调动企业、社会组织和公众参与国家公园建设的积极性。鼓励在依法界定各类自然资源资产产权主体权利和义务的基础上，依托特许经营权等积极有序引入社会资本，构建高品质、多样化的生态产品体系和价值实现机制。鼓励金融和社会资本按市场化原则对国家公园建设管理项目提供融资支持。利用多双边开发机构资金，支持国家公园体系、生物多样性保护和可持续生态系统相关领域建设。

第二章

国家公园基本特征

国家公园具有极高的自然禀赋和价值，在我国自然保护地体系中处于主体地位，是国家的象征、中华民族的宝贵财富。国家公园区域内既包括有形的自然和人文资源，也包括无形的非物质文化形态的遗产资源，是增强民族认同感、自豪感和爱国情操的重要精神家园，也是我国生态文明建设的重要阵地、世界认识中国的重要生态文明名片。依据《国家公园设立规范》（GB/T39737—2020），国家公园设立需要满足国家代表性、生态重要性、管理可行性3个准入条件。

第一节　国家代表性

国家代表性是指具有中国代表意义的自然生态系统，或中国特有和重点保护野生动植物物种的集聚区，或者具有全国乃至全球意义的自然景观和自然文化遗产的区域。此外，国家公园还要符合国家的整体利益和长远利益，由国家主导设立。具体而言，国家代表性包括生态系统代表性、生物物种代表性、自然景观独特性等3个认定指标。

一、生态系统代表性

生态系统代表性是指生态系统类型或生态过程是我国的典型代表，可以支撑地带性生物区系。满足生态系统代表性至少应符合以下1个基本特征：①生态系统类型为所处生态地理区的主体生态系统类型；②大尺度生态过程在国家层面具有典型性；③生态系统类型为中国特有，具有稀缺性特征（表2-1）。

表 2-1　国家公园（含候选区）的生态系统代表性示例

名称	主要特征
海南热带雨林	公园位于亚洲热带雨林北缘，是世界热带雨林的独特类型，保护了我国分布最集中、类型最多样、连片面积最大、保存最完好的大陆性热带雨林。公园还是南渡江、昌化江、万泉河等海南岛主要江河的发源地，具有重要的涵养水源、固碳释氧、土壤保持、气候调节和灾害防护等功能，对维持海南生态系统多样性和大尺度的生态过程起着重要的支撑作用
秦岭	公园兼具亚热带和暖温带植被地带性，涵盖了常绿与落叶阔叶混交林、落叶阔叶林、针阔混交林等森林生态系统，以及明显的植被垂直带谱，是秦岭大巴山混交林生态地理区的典型代表；同时，秦岭山系是我国南北气候的分界线，我国生物多样性保护优先区，还是我国南水北调的主要水源地，生态系统服务功能十分重要。重要的生态区位，突出的生态功能，使得秦岭国家公园生态系统具有独特的代表性
南岭	公园位于南亚热带和中亚热带分界线，拥有亚热带完整山地森林生态系统和植被垂直带，是全球亚热带常绿阔叶林的典型分布区和中国常绿阔叶林代表性分布区，是世界同纬度地区的宝贵自然遗产；公园是我国生态安全战略框架"两屏三带"中"南方丘陵山地带"的主体，是 25 个国家重点生态功能区之一，域内大面积保存完好的森林生态系统的生态调节功能使南岭国家公园成为北江等河流的重要源头区和粤港澳大湾区的重要生态安全屏障，对维护区域生态安全具有重要意义
钱江源-百山祖	公园位于亚热带常绿阔叶林典型地理分区，保存了长三角地区最完整的山地生态系统垂直带谱，拥有长江三角洲地区最典型的中亚热带常绿阔叶林群落；公园是钱塘江、闽江、瓯江三大水系的重要源头区。公园还是长江三角洲区域重点生态功能区，发挥着重要的涵养水源、生物多样性保护、森林碳汇、调节气候等生态功能，具有典型的生态功能代表性
祁连山	公园属于祁连山针叶林高寒草甸生态地理区，代表性生态系统有寒温带山地针叶林生态系统、温带荒漠草原生态系统、高寒草甸生态系统，其中以青海云杉、祁连圆柏为建群树种的寒温带山地针叶林生态系统为我国特有。公园是国家生态安全战略格局中"青藏高原生态安全屏障"的重要组成部分，也是国家的 25 个重点生态功能区之一，园内孕育了内陆河、外流河（黄河）和青海湖三大水系，河西走廊超过 95% 的地表径流来源于此。祁连山地区还是我国 32 个生物多样性保护优先区之一、是西北地区重要的生物种质资源库和野生动物迁徙的重要廊道，具有大尺度生态过程的典型性

我国自然条件复杂，生态系统的类型丰富，拥有北半球除了赤道雨林以外的各种生态系统，其中包含一系列中国特有的类型，是全球生态系统类型最多的国家。在不同的生态系统中，选取其中自然生态系统最重要、生态过程最典型、生态类型最独特的区域建立自然保护地，对自然资源保护和合理利用具有重要意义。

按照《国家公园设立规范》遴选出的 49 个国家公园候选区，都是所在自然生态地理区域的典型代表，都具有无与伦比的核心保护价值，均位于我国生态安全战略格局的关键区域，对维护国家生态安全起到关键作用，对构建全国生态安全屏障提供着重要的战略支撑。

二、生物物种代表性

生物物种代表性是指分布有典型野生动植物种群，保护价值在全国或全球具有典型意义。满足生物物种代表性至少应符合以下 1 个基本特征：①至少具有 1 种伞护种或旗舰种及其良好的栖息环境；②特有物种、珍稀物种、濒危物种聚集程度较高，该区域珍稀濒危物种数占所处生态地理区珍稀濒危物种数的 50% 以上（表 2-2）。

我国国土辽阔，海域宽广，自然条件复杂多样，孕育了极其丰富的植物、动物和微生物物种及繁复多彩的物种组合。国家公园的物种代表性特别关注具有国家象征意义的旗舰物种、伞护物种，这些物种既是生态系统中的关键种，也受到全球广泛关注，对公众具有极高的吸引力和号召力，对于促进生物多样性保护全球化进程具有极高的价值。同时，我国是全球多样性大国，在全球生物多样性保护中具有重要地位，保护珍稀濒危动植物物种也是国家公园的重要使命。

依据国务院批复的《国家公园空间布局方案》，我国国家公园规划充分考虑了物种代表性。保护的代表性物种从国宝大熊猫到东北虎，从海南长臂猿、川金丝猴等灵长类动物到亚洲象、野牦牛等大型哺乳动物，已设立和规划的国家公园对于保护物种及其承载的遗传多样性、彰显我国生物多样性大国的国际形象起着重要的作用。

表 2-2　国家公园（含候选区）的生物物种代表性示例

名称	主要特征
三江源	公园内保留了许多珍贵的孑遗物种，发育了大量适应高寒生态环境的特有物种，有国家重点保护野生植物 11 种，国家重点保护野生动物 84 种，拥有藏羚、雪豹、白唇鹿、野牦牛、藏野驴、马麝等青藏高原特有珍稀保护物种，被称为"高原野生动物王国""高寒生物自然种质资源库"
大熊猫	公园属于全球生物多样性热点区——中国西南山地，是野生大熊猫集中分布区和主要繁衍栖息地，保护了全国 70% 以上的野生大熊猫。园内生物多样性十分丰富，是大熊猫、川金丝猴、扭角羚（牛羚）、绿尾虹雉等国家一级保护野生动物和银杏、珙桐、红豆杉等国家一级保护野生植物的生命家园
东北虎豹	公园分布有我国境内规模最大且唯一具有繁殖家族的野生东北虎、东北豹种群，两者都是全球重点保护的珍稀濒危物种，是中国生物多样性保护的旗舰物种，也是温带森林生态系统健康的标志。此外，公园内还分布有大、小型陆生野生脊椎动物 300 余种，东北红豆杉、长白松、红松等种子植物 800 余种
海南热带雨林	公园属于全球生物多样性热点区——印缅山地，也是我国物种丰富度最高的地区之一，有国家重点保护野生动物 145 种，国家重点保护野生植物 133 种，区域内的生物多样性可以与巴西亚马孙雨林媲美。该区也是全球受威胁程度最高的灵长类动物——海南长臂猿的唯一栖息地
亚洲象	公园属于全球生物多样性热点区——印缅山地，也是我国物种丰富度最高的地区之一，被誉为"热带动植物王国"和"热带生物种质基因库"。公园是我国亚洲象的集中分布区，占云南省亚洲象总数 360 头的 78% 左右，在全球亚洲象数量锐减的背景下，我国亚洲象种群恢复显著，是全球亚洲象及栖息地保护先行区

三、自然景观独特性

自然景观是指自然界中天然赋予，未受人类直接影响或者影响程度低、原有自然面貌未发生明显变化的景观。自然景观独特性是指具有中国乃至世界罕见的自然景观和自然遗迹，至少应符合以下 1 个基本特征：①具有珍贵独特的天象景观、地文景观、水文景观、生物景观等，自然景观极为罕见；②历史上长期形成的名山大川及其承载的自然文化遗产，能够彰显中华文明，增强国民的国家认同感；③代表重要地质演化过程、保存完整的地质剖面，古生物化石等典型地质遗迹（表 2-3）。

表 2-3　国家公园（含候选区）的自然景观独特性示例

名称	主要特征
武夷山	公园内群峰林立，重峦叠嶂，有岩壁陡峭的大断裂谷，也有形态各异的丹霞地貌、峡谷曲流、碧水丹山，构成"一溪贯群山，两岩列仙岫"的独特美景，自然文化景观独树一帜，是我国唯一一个既加入世界人与生物圈组织，又建在世界文化与自然双重遗产上的重要保护地。公园区内历史文化遗迹丰富，非物质文化遗产多样，武夷岩茶（大红袍）手工制作技艺、建窑建盏烧制技艺先后被列入《国家级非物质文化遗产名录》，正山小种红茶传统手工制作技艺被列入《省级非物质文化遗产名录》，优秀传统文化底蕴厚重，是古闽族文化、朱子文化、佛道宗教文化、红色革命文化、茶文化、建盏文化等多种文化的起源地或发祥地
南山	公园内的崀山是中国丹霞世界自然遗产地的重要组成部分，是世界上壮年期发育最好、最完整的密集峰丛峰林型丹霞地貌的模式地，也是中国丹霞世界自然遗产唯一拥有从幼年期、壮年期、老年期完整发育阶段的区域。丹霞地貌及其气候、生物群落的变化演变过程见证了东南亚南部白垩纪以来地球的演化历史
梵净山	公园位于我国扬子板块西南缘，拥有超过 10 亿年的地质历程，园区包含了武陵山脉第一高峰凤凰山和第二高峰梵净山，完整记录了我国华南地区地质历史和演化过程。独特的地质和气候环境造就了梵净山与众不同的自然景观，全境山势雄伟、层峦叠嶂，溪流纵横，飞瀑悬泻，生动展现出梵净山国家公园连绵的山势、独特的地貌、险峻的沟谷等景观结构特征
大熊猫	公园内拥有四川大熊猫栖息地、黄龙两处世界自然遗产地。大熊猫栖息地中保存了全世界 30% 以上的野生大熊猫，是全球最大、最完整的大熊猫栖息地；黄龙片区中森林密布，钙化翠池，金色流滩，五彩池群色彩斑斓，形成结构奇巧、色彩丰富的地表钙华景观。公园是中华文化的交融区，历史遗存极为丰富。在农耕文化、中国近代史及中国革命史中都具有重要地位。园区有历史文化遗迹 89 项，国家级非物质文化遗产 30 项，公园内分布着 35 个国家级传统村落，孕育了白马藏族文化等 4 种少数民族文化
卡拉麦里	长期地质作用和地理形成过程使得区内自然景观广泛分布，保存了数量众多、结构清晰、完整程度极高的雅丹地貌和古生物化石等；魔鬼城、五彩湾等雅丹地貌呈现出造型奇特、色彩瑰丽的景观形态，硅化木园留存着姿势多样、保存完好的树木化石
羌塘	公园地处我国现代冰川发育中心和地球上中纬度地带寒冷中心，拥有世界上中纬度最大的冰川、地球上两极地区以外最大的冰原，大量冰川的存在塑造了羌塘奇特的景观；公园散布着星罗棋布的湖泊，是世界上湖泊数量最多、湖面最高的高原湖区，它们不仅滋润着羌塘高原，也成为羌塘最美丽的一道风景线
香格里拉	公园处于"三江并流"世界自然遗产中心地带，以国际重要湿地碧塔海、"三江并流"世界自然遗产哈巴片区之属都湖和弥里塘亚高山牧场为主要组成部分；公园分布着第四纪以来历次冰川活动的遗迹，完整保存着玉龙冰期、干海子冰期、丽江冰期和大理冰期等 4 次冰川活动的沉积记录和古冰川地貌遗迹。公园内有多处断层崖、林间小涧、深沟峡谷等独特景观交错分布，具有极高的生态研究价值和旅游观赏价值

我国疆域辽阔、地大物博、地形地貌和气候条件复杂、生物资源丰富，发育并保存了各具特色的自然景观，主要包括地文景观、水文景观、生物景观和天象景观，如沙漠、峡谷、丹霞地貌、瀑布、森林、湖泊、云海等。其中，地文景观是受地球内力和外力作用而形成的地形、地貌、地质遗迹等景观；水文景观是水体在地质、地貌、气候、生物等因素影响下形成的水域风光；生物景观是以野生动物、植物及其栖息地作为风景资源的景观；天象景观是由不同地区的气候资源与特殊天气现象结合其他类型景观而构成的景观资源。自然景观作为国家公园的重要组成部分和保护对象，其独特性和观赏价值具有极强的旅游吸引力，是公众接触自然的动力，是国家公园公益性的直接反映。同时，中国的国家公园作为能展现中国特色文化内涵的空间，也体现着中国博大精深的宗教文化、建筑文化、山水文化等。

我国国家公园建设需将自然资源与文化资源有机结合，建设有生命力的保护地。自然资源是国家公园建设的基础，文化资源是国家公园的灵魂。我国已建或拟建的国家公园，无论自然风光还是风土人情，均内容丰富、别具一格。

在自然资源方面，我国地大物博，自然资源种类多样且独特，各个公园拥有丰富的自然资源。如武夷山国家公园与南山国家公园候选区有丹霞地貌；羌塘和香格里拉国家公园候选区有冰川地貌；海南热带雨林国家公园与亚洲象国家公园候选区有热带雨林；三江源国家公园和钱江源—百山祖国家公园候选区有江河源头；若尔盖和松嫩鹤乡国家公园候选区有草原沼泽；卡拉麦里和巴丹吉林国家公园候选区有戈壁荒漠等。这些自然资源是中国经济发展的基础，其独特性吸引世界各国的访客。

在文化资源方面，我国历史文化悠久，传统山水文化和东方文明是宝贵的财富。规划布局的国家公园包含着丰富的文化内涵，如山水文化、建筑文化、民族文化、宗教文化等，这些文化是中华文明的展现，是保护和宣传中华文化的方式，是向世界展示中国历史文化的窗口。

未来中国国家公园还将纳入更多具有美学价值和文化价值的名山大川，奏响美丽中国的华彩乐章。

第二节　生态重要性

生态重要性是《国家公园设立规范》规定的国家公园设立的 3 个条件之一，包括生态系统完整性、生态系统原真性和面积规模适宜性 3 项指标。

一、生态系统完整性

我国国家公园顶层设计充分重视生态系统完整性，一系列重要文件均明确提出"建立国家公园体制，保护自然生态和自然文化遗产的原真性与完整性"。在《国家公园设立规范》中，生态系统完整性被阐述为"自然生态系统的组成要素和生态过程完整，能够使生态功能得以正常发挥，生物群落、基因资源及未受影响的自然过程在自然状态下长久维持"。生态系统完整性应至少符合以下 1 个基本特征：①生态系统健康，包含大面积自然生态系统的主要生物群落类型和物理环境要素；②生态功能稳定、具有较大面积的代表性自然生态系统，植物群落处于较高的演替阶段；③生物多样性丰富、具有较完整的动植物区系，能维持伞护种、旗舰种等种群生存繁衍；④具有顶级食肉动物存在的完整食物链或迁徙洄游动物的重要通道、越冬（夏）地或繁殖地（表2-4）。

目前，对生态系统完整性的理解主要从两个方面展开，一是从生态系统组成和结构的完整性来衡量，认为在某一特定的地理单元内，生态系统应当包含所有本地物种及其完整的生态过程，其生物组成和空间结构没有受到人类活动胁迫的损害，生态系统能够持续繁衍生息；另一方面是从生态系统健康、稳定性以及可持续性等衡量，认为完整的生态系统能够抵抗环境变化和压力，能在扰动后恢复其原始状态或轨迹，并能持续维持生态系统及其所有

表2-4 国家公园（含候选区）的生态系统完整性示例

名称	主要特征
三江源	公园在体制试点建设的基础上，优化调整管控分区和范围，将黄河、长江、澜沧江源头完整纳入国家公园范围，重要的野生动物栖息地全部被划入核心保护区，使自然生态系统得到完整保护。目前，区划面积由试点期间的 12.31 万 km² 扩展至 19.07 万 km²，涉及玛多、杂多、治多和曲麻莱 4 县，以及格尔木市和可可西里自然保护区管辖区域，实现三江源头整体保护
武夷山	公园内包含我国浙闽沿海东南山地最典型、世界同纬度带最完整、面积最大的原生性森林生态系统。在体制试点建设的基础上，将以江西武夷山国家级自然保护区为主体的江西片区纳入武夷山国家公园范围，深入落实跨省联合保护机制，有效推动了武夷山脉生态系统完整性保护
东北虎豹	公园基本涵盖了长白山地森林生态系统主要类型，包括森林、灌丛、草甸、沼泽等，原始红松针阔混交林成为地带性顶级群落；公园区内生活着中国境内极为罕见、由大型到中小型兽类构成的完整食物链，其中，顶级食肉动物——虎豹种群数量占东北亚种群的绝大比例，是我国虎、豹分布最集中，种群密度最高的区域
青海湖	公园湿地自然生态系统面积大，连通性好，复合生态系统组成要素、生态过程以及群落结构和动植物区系完整，独特的自然景观保存完整，具有顶级食肉动物存在的完整食物网，生态系统结构、功能完整
卡拉麦里	公园内物种资源丰富，生态环境组成要素齐备，在我国荒漠生态系统内具有极强的代表性。公园内自然生态系统的组成和生态过程要素完整，大面积荒漠生态系统、较为丰富的荒漠植被为有蹄类动物的生存与发展提供了保障，生物资源、遗传基因在未受干扰影响下长期稳定，由荒漠植物、昆虫、食草动物、啮齿类小型动物、食肉动物组成了一套完整且稳定运行的食物网

组成部分和生态过程，继续提供其能够提供的所有产品和生态服务。

已建和拟建的国家公园都注重生态系统完整性保护，国家公园范围划定时优先考虑生态系统结构与过程，突破行政边界限制，确保生态功能稳定发挥。

二、生态系统原真性

依据《国家公园设立规范》，生态系统原真性被阐述为：生态系统与生态过程大部分保持自然特征和进展演替状态，自然力在生态系统和生态过程中居于支配地位，应同时符合以下基本特征，①处于自然状态及具有恢复至自然状态潜力的区域面积占比不低于75%，或连片分布的原生状态区域面积占比不低于30%；②人类生产活动区域面积占比原则上不大于15%；③人类集中居住区占比不大于1%，核心保护区没有永久或明显的人类聚居区，有戍边等特殊需求除外。

我国规划布局的国家公园，也充分考虑了生态系统原真性这一属性，大部分国家公园都位于自然风貌原始，或轻微受损经修复可恢复自然状态的区域。羌塘国家公园候选区中大部分区域为无人区，其生态系统与生态过程大部分保持自然特征和演替状态，自然力在生态系统和生态过程中居于支配地位，自然生态系统和自然景观大部分处于原始状态，是中国典型荒野地的核心区域，原真性突出。珠峰国家公园候选区内拥有8000m以上高山5座，是全球最大的极高峰聚集区，巨大的海拔落差造就了完整的垂直阶梯式的高山生态系统。珠峰区域南、北两坡的物种组成存在较大差异，位于我国的北坡发育着高寒灌丛草原生态系统，动物区系以古北界物种为主，生态环境接近自然状态。

三、面积规模适宜性

在《国家公园设立规范》中，面积规模适宜性是指：具有足够大的面积，能够确保生态系统的完整性和稳定性，能够维持伞护种、旗舰种等典型野生动植物种群生存繁衍，能够传承历史上形成的人地和谐空间格局，基本特征为：①总面积一般不低于500km^2；②原则上集中连片，能支撑完整的生态过程和伞护种、旗舰种等野生动植物种群繁衍（表2-5）。

表 2-5　首批国家公园的面积规模适宜性

名称	主要特征
三江源	公园面积 19.07 万 km^2，具有适宜雪豹等需要大范围栖息地的物种生存繁衍的条件；园区内生态系统具有生物物种生存和繁衍的基础，具有足够大的面积以确保保护目标的完整保护和长久维持
大熊猫	公园总面积大于 2.20 万 km^2，满足设立标准的相关要求。通过较为有效的保护和管理，基本确保园区内的自然生态系统长期稳定，自然景观和自然遗迹受到严格充分的保护。主要保护物种大熊猫栖息地面积 1.5 万 km^2，能够为大熊猫等主要保护种群提供长期生存繁衍和扩散的基础
东北虎豹	园区总面积 1.41 万 km^2，满足对于园区内森林生态系统以及其重点保护的濒危野生动物生物多样性保护需求，园内自然景观也得到了应有的保护，既保持了国家公园内部区域连通性、完整性，又实现了对内部重点旗舰种东北虎与东北豹的有效保护
海南热带雨林	公园面积 4269 km^2，涵盖了海南岛 95% 以上的原始林、55% 以上的天然林，其中，核心保护区 2331 km^2（占 62.43%），能够确保热带雨林为代表的自然生态系统长期稳定、自然景观和自然遗迹受到最严格和最充分的保护、海南长臂猿等主要保护物种种群能够长期生存繁衍和扩散
武夷山	公园规划总面积为 1280.29 km^2，其中，核心保护区面积为 622.61 km^2，能够确保自然生态系统在较长时期维持稳定，自然景观和自然遗迹可以受到严格和充分的保护。类型丰富、结构和功能完整的森林生态系统为动植物的生存繁衍提供了良好的环境，生态系统能够维持自我循环

　　国家公园应有足够的满足国家公园发挥其多种功能的区域范围。以自然资源为核心资源的国家公园应包含主要生物群落类型和物理环境要素，生物多样性丰富，能维持伞护种、旗舰种等种群的生存繁衍，且具有多种代表性的大面积自然生态系统，最好包括一个完整的地理单元，大尺度的水平带谱和完整的垂直带谱，如山系、水系，以确保当地重要的自然资源可以得到完整保存或增强。同时，国家公园在区域上应相对集中连片，对人类活动干扰形成缓冲，确保生态系统的原真性。

第三节 管理可行性

管理可行性是国家公园设立的落脚点，既要体现国家事权，由国家主导管理、立法、监督，又要充分考虑中国人多地少的现实条件，协调好利益相关方的关系，体现全民公益性。

一、自然资源资产产权

明晰自然资源的产权关系，是设立国家公园的基本前提。自然资源资产产权是指国家公园内的自然资源（如土地、水资源、矿产、生物资源等）的所有权和使用权。满足自然资源资产产权指标至少应符合以下 1 条基本特征：①全民所有自然资源资产面积占比 60% 以上；②集体所有的自然资源资产具有通过征收或协议保护等措施满足保护管理目标要求的条件。

自然资源资产产权是否清晰、能否实现统一管理，是衡量是否满足管理可行性的重要参考。清晰的产权关系能避免产权不明导致的争议。《建立国家公园体制总体方案》要求"确保全民所有的自然资源资产占主体地位"。国家公园属于全体国民所有，应按照法定条件和程序逐步减少国家公园范围内集体土地，提高全民所有自然资源资产的比例，由国家公园管理机构对园区内的自然资源进行统一、高效地保护和管理，为实现全民共享提供可持续的资源储备。

已设立的国家公园中（表 2-6），国有土地占绝对主体，武夷山国家公园

表 2-6　首批国家公园的自然资源资产产权

名称	自然资源资产产权主要特征
三江源	全部为国有土地
大熊猫	国有土地占比 75.0%
东北虎豹	国有土地占比 91.7%
海南热带雨林	国有土地面积占比 74.4%
武夷山	国有土地面积占比 45.6%，通过赎买、租赁、保护地役权、协议等方式实现了 80% 以上集体土地统一保护

属于典型的南方集体林区，但通过土地流转和保护协议等方式实现了绝大多数集体土地的统一管理。

二、保护管理基础

国家公园应当具备良好的保护管理能力或具备整合提升管理能力的潜力。满足保护管理基础指标至少应符合以下 1 条基本特征：①具有中央或省级政府统一行使全民自然资源资产所有者职责的基础；②人类生产生活对生态系统的影响处于可控状态，未超出生态承载力，人地和谐的生产生活方式具有可持续性。

国家公园的建立是为了保护自然环境和资源，并且确保这些资源得到可持续的利用和管理。拟建国家公园区域应具有实施统一保护管理的良好条件。有关政府部门应梳理评估拟建国家公园范围内的原有自然保护地及其管理机构，依法依规推动相关部门职能整合、优化管理体制。除了机构外，拟建国家公园区域还应拥有良好的资源本底数据，包括但不限于生物多样性、自然景观、自然遗迹、文化遗产等，为国家公园建设管理提供支撑。此外，拟建国家公园区域应具有良好的群众基础，社区居民支持并有意愿参与国家公园建设，确保国家公园的保护和管理工作能够得到有效执行。

已设立和正在创建的国家公园都拥有良好的保护管理基础，自然生态系统占绝对主体，涉及的原有自然保护地大多具有长期的保护管理经验，新纳入的非保护地属地政府和社区居民大力支持国家公园建设。以大熊猫国家公园为例，园内林地、草地、湿地等自然生态系统占比达 98.3%，整合了卧龙、唐家河等久负盛名的原有自然保护地，当地社区居民长期参与生态管护，探索创新了由社区和相关社会组织合作管理的自然保护小区等生态保护模式。

三、全民共享潜力

国家公园内的自然资源和人文资源应当能够为全民共享提供机会，便于公益性使用。满足全民共享潜力条件至少应符合以下 1 条基本特征：①自然本底具有很高的科学研究、自然教育和生态体验价值；②能够在有效保护的前提下，更多地提供高质量的生态产品和自然教育、生态体验、休闲游憩等

机会。

国家公园普遍具有优异的自然禀赋和人文资源，是全体国民的共有财富。在空间上，国家公园提供的优质生态产品具有很大的外部性，不仅惠及国家公园范围内，也惠及区域甚至全球；在时间上，国家公园不仅当前需要坚持保护第一，也是最应该留给子孙后代的珍贵自然资产。在保护优先的前提下，国家公园应为公众亲近自然、体验自然、了解自然提供机会，促进公众生态素养和生态保护意识提高。国家公园主管部门应联合政府部门建立协调管理机制，凝聚社会力量参与共建，通过政策宣讲、交流培训、志愿服务等方式开展自然教育。此外，还应充分挖掘国家公园品牌价值，统一规划，明确高质量发展思路，探索国家公园生态产品价值实现路径。

国家公园布局方案中规划的国家公园都具有很高的全民共享潜力（表2-7），是国民开展科学研究、自然教育和生态体验的最佳场所，也是践行"绿水青山就是金山银山"理念、推进生态文明建设的主阵地。

表 2-7　国家公园（含候选区）的全民共享潜力示例

名称	主要特征
南岭	公园是进行中国岩溶对比、研究的不可多得的关键地区，是研究亚热带植被的演替规律（特别是原生演替）的理想场所，是研究狭域特有物种和极小种群物种保护与恢复技术的重要基地，是体现地质多样性和生物多样性关联性的良好基地。由于独特的美学价值和科普价值，公园自然体验价值极高，为开展多种形式的国民教育，普及大众对国家公园的认识提供了极好的机会
卡拉麦里	公园内保存的原生生物群落、奇特的雅丹地貌和古生物化石具有很高的科学研究价值；公园内浩瀚苍茫的戈壁、色彩斑斓的丘陵、壮观宏大的兽群可带来绮丽恢宏的生态体验；公园内交通便利，可进入性强，和多所高校及科研机构建立了长期的科研协作关系，具备打造成国际科普教育基地的潜力
钱江源-百山祖	公园是中国东部发达地区的自然秘境，保持着山、水、林、田、湖、草自然景观和人文景观的原始风貌，是少有的、静谧且精致的自然教育基地。依托地处长江三角洲的区位优势，公园开展了丰富多样的自然教育，2021年公园被全国关注森林活动组委会认定为26个首批国家青少年自然教育绿色营地。依托公园独特的自然资源和人文资源，伴随共同富裕示范区建设，公园能够提供更多的科学普及、自然教育和生态体验价值以及更高质量的生态产品体系

第三章

国家公园空间布局

2022 年，国务院批准发布的《国家公园空间布局方案》，是落实《建立国家公园体制总体方案》《关于建立以国家公园为主体的自然保护地体系的指导意见》确定的改革任务，用来指导国家公园建设的重要文件。国家公园空间布局直接关系到中国国土空间规划和自然保护地体系构建。本章内容以自然保护地体系规划和中国国家公园总体空间布局研究为基础，对国家公园遴选过程进行重点解读。

第一节　遴选过程

国家公园候选区域的遴选包括科学评估、分区筛选、对标确认、意见征询四个过程（图 3-1）。

图 3-1　国家公园遴选过程

一、科学评估

科学评估主要针对国家公园三大保护对象——生态系统、保护物种、自然遗迹与景观。通过建立主要保护对象的评价方法，识别出我国重要生态系统、代表性的珍稀濒危物种，以及独特自然遗迹和自然景观的集中分布区，以明确中国需要进行严格保护的自然生态空间，为国家公园空间布局提供基础。

（一）生态系统类型及重要性分布特征

中国生态系统类型多样，分为陆地生态系统与海洋生态系统，而陆地生态系统又包括森林、灌丛、草地、湿地、荒漠、高山冻原、农田与城镇等生态系统类型（图3-2）。根据《中国植被》与《中国湿地植被》，中国自然生态系统共713类，其中，森林230类，灌丛101类，草地205类，沼泽57类，荒漠103类，高山冻原17类。此外，中国还有重要的湖泊生态系统与河流生态系统。

根据"是我国生态区的代表性生态系统类型，能够反映特殊的气候地理与土壤特征，只在中国分布"3条标准，对我国自然生态系统进行评估，得到重要生态系统200多类（表3-1），主要集中分布在我国大兴安岭、小兴安岭，藏东南，川西北，武夷山-戴云山区，闽南山地，浙闽山地以及海南岛中南部区，台湾中央山、玉山，内蒙古呼伦贝尔草原、浑善达克沙地、科尔沁沙地、阴山北部等地，新疆天山-准噶尔盆地西南缘区、阿尔泰区、塔里木河

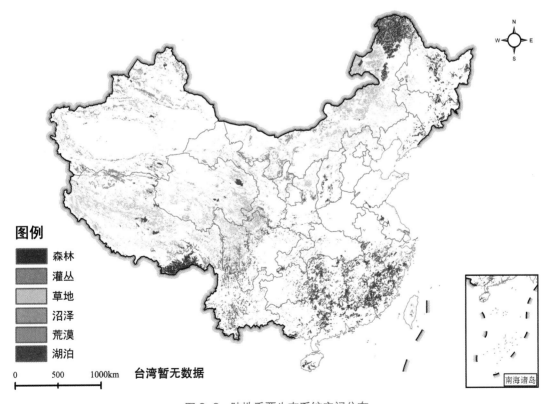

图例

- 森林
- 灌丛
- 草地
- 沼泽
- 荒漠
- 湖泊

0　500　1000km　　台湾暂无数据

南海诸岛

图3-2　陆地重要生态系统空间分布

表 3-1 重要生态系统基本特征

生态系统类型	基本特征
森林	重要森林生态系统分布较多的区域包括藏东南地区热带雨林、季雨林，大兴安岭北部地区落叶针叶林，小兴安岭山地针阔混交林，及长江以南大面积的常绿阔叶林，西北地区阿尔泰山和天山也有少量胡杨、西伯利亚落叶松、雪岭云杉等重要生态系统
灌丛	灌丛生态系统包括常绿针叶灌丛、常绿革叶灌丛、落叶阔叶灌丛、常绿阔叶灌丛和灌草丛五大类，代表性的灌丛生态系统包括高山柏灌丛、亮鳞杜鹃灌丛、雪层杜鹃灌丛、绣线菊灌丛等，主要分布在鄂尔多斯、太行山、秦岭、横断山区、云贵高原、南岭等地
草地	草地生态系统西北多、东南少，主要分布在我国内蒙古呼伦贝尔草原、浑善达克沙地、科尔沁沙地、阴山北部、新疆天山-准噶尔盆地西南缘区、阿尔泰区、塔里木河流域区、西藏的藏西北羌塘地区、羌塘-三江源区、祁连山区、黄土高原等地区
沼泽	沼泽主要包括森林沼泽、灌丛沼泽、草丛沼泽和藓类沼泽，主要分布在东北山地、三江平原、青藏高原东部边缘，以及亚热带湖滩、河滩洼地等地区
湖泊	重要湖泊生态系统主要分布于青藏高原湖区、东北平原湖区、东部平原湖区，及新疆部分地区，包括青海湖、鄱阳湖、喀纳斯湖、玛纳斯湖、呼伦湖等
荒漠	我国荒漠可分为小乔木荒漠、灌木荒漠、半灌木与小半灌木荒漠和垫状小半灌木（高寒）荒漠 4 种类型，重要荒漠生态系统主要分布在西北部的塔里木盆地、准噶尔盆地、腾格里沙漠、昆仑山等地区
海洋	重要红树林生态系统主要分布于福建、广东和海南沿岸海域，海草床生态系统主要分布于辽宁、河北、山东、福建、广东、广西、海南、西沙群岛和南沙群岛海域，珊瑚礁生态系统主要分布于福建、广东、广西、海南、东沙群岛、中沙群岛、西沙群岛和南沙群岛海域，海藻场生态系统主要分布于浙江、广东和海南近岸海域，海岛生态系统广泛分布于中国各省沿岸海域，滨海湿地生态系统大多分布于中国北方沿岸海域

流域等地，西藏的藏西北羌塘地区、三江源区，祁连山区等地。重要海洋生态系统包括红树林、海草床、珊瑚礁、海藻场、海岛和滨海湿地等类型，分布于中国东南沿海地区及南海诸岛等区域。

（二）重点保护物种重要性及分布特征

中国地域辽阔，地貌类型复杂，横跨多个气候带，孕育了丰富且独特的生物多样性，是世界上生物多样性最丰富的 12 个国家之一，根据《中国生物物种名录 2021 版》，我国已命名的物种数达 115064 种。根据中国生物多样性国情研究数据，中国高等植物种数居世界第三位，仅次于巴西和哥伦比亚，是北半球植物种类最丰富的国家。其中，苔藓植物占世界总种数的 17%，蕨类植物占世界总种数的 16%，裸子植物占世界总种数的 24%，被子植物约占世界总种数的 10%。中国有脊椎动物近 8000 种，哺乳动物种数为世界第一，也是世界鸟类最丰富的国家之一，鸟类种数在世界排名第六。中国已记录到海洋生物 28000 多种，约占全球海洋已记录物种数的 11%。

　　根据《国家重点保护野生动物名录》《中国生物多样性红色名录》，选出中国重点保护物种，并进行空间分析，评估中国重点保护物种重要性及其分布特征（图 3-3，表 3-2）。综合各类重点保护物种的空间格局，发现全国重点保护物种丰富度高的地区集中分布在东北地区的大小兴安岭、长白山、三江湿地；东部沿海地区滨海和河口湿地、武夷山等；中部地区的长江中游湿地、秦巴山地、武陵山区、罗霄山；华南地区的南岭山区、海南中部山区；

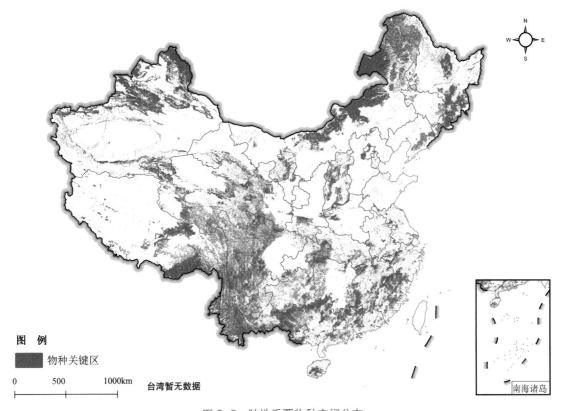

图 例

　■　物种关键区

0　　500　　1000km
台湾暂无数据

南海诸岛

图 3-3　陆地重要物种空间分布

表 3-2　重要物种基本特征

类型	基本特征
植物	以珙桐、银杏、红豆杉、桫椤、百山祖冷杉等为代表的重点保护野生植物主要分布在华南和西南的大部分地区，集中分布在长白山、秦岭、大巴山，横断山中部和南部、无量山、西双版纳、南岭山地和海南中部山区等
哺乳动物	以大熊猫、东北虎、东北豹、雪豹、藏羚、海南长臂猿等为代表的重点保护陆生哺乳动物，主要分布在东北的大兴安岭、长白山，西北地区的秦岭中部、祁连山、青海南部，西南地区的藏南地区、岷山、邛崃山、喜马拉雅-横断山脉，华南地区的黔桂交界山地、南岭和华东地区的武夷山等
鸟类	以丹顶鹤、黑颈鹤、朱鹮、黑嘴鸥、东方白鹳等为代表的重点保护鸟类主要分布在我国东北、西部地区和华南地区，集中分布在大兴安岭、小兴安岭、新疆东北部地区、祁连山、青海湖、岷山、邛崃山、高黎贡山南部、无量山、哀牢山、十万大山、南岭、武夷山、海南中部山区等。另外，环渤海、黄海和东海的滨海湿地，是途经中国的三大全球候鸟迁飞路线，特别是东亚-澳大利西亚迁飞路线上的重要节点，是鸟类保护的重点区域，具有国际重要意义
两栖动物	以大鲵、海南瑶螈、镇海棘螈、挂榜山小鲵、小腺蛙等为代表的重点保护两栖动物主要分布于秦岭以南地区，尤其是东喜马拉雅、横断山区、秦巴山区、大别山、云贵高原、武陵山区、南岭地区、武夷山地区、海南岛等
爬行动物	以扬子鳄、圆鼻巨蜥、玳瑁、斑鳖、海南疣螈等为代表的重点保护爬行动物除了分布于秦岭以南地区的关键区（包括东喜马拉雅、横断山区、秦巴山区、大别山、云贵高原、武陵山区、南岭地区、武夷山地区、海南岛、台湾岛等）以外，在黄河河套地区、东北长白山等边境地区、西北的边境山地区也有明显的分布
内陆水生生物	以中华鲟、川陕哲罗鲑、小爪水獭、河狸等为代表的重点保护内陆水生生物主要分布在长江流域、珠江流域、黑龙江流域和西南地区的主要流域，其次为黄河、塔里木河以及新疆北部的额尔齐斯河等，海南岛和台湾岛，及我国最大的内陆湖——青海湖
海洋生物	以红榄李、鳗草、绿海龟、儒艮、斑海豹、中华白海豚等为代表，重点保护海洋植物主要分布在我国近岸海域，尤以亚热带和热带海域居多；海洋重点保护动物主要分布在近岸海域、北部湾、东海海域、南海海域、南海诸岛等

西南地区的横断山、岷山、滇西南、十万大山、藏东南等地区；西北地区的秦岭中部、三江源、祁连山、新疆北部地区等。

（三）自然景观重要性及分布特征

中国地域辽阔，自然景观丰富且珍贵，是区域和国家的形象代表，也是世界自然景观和自然遗产的重要组成部分，作为世界遗产总数居世界第一的国家，中国珍贵的自然景观，不论是数量还是质量，都占据了重要地位，目前，全国具有保护价值的重要自然景观约 3000 多处（图 3-4），其中包括 55 处世界遗产、34 处世界生物圈保护区、39 处世界地质公园。

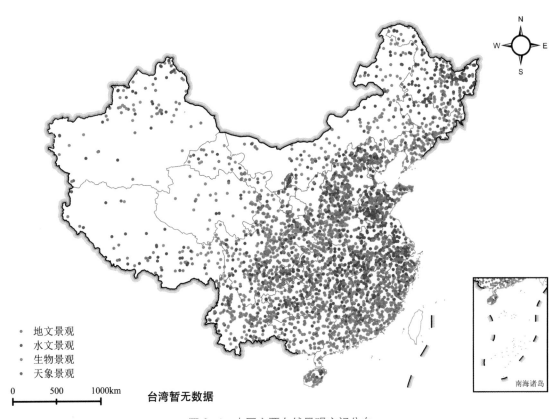

地文景观
水文景观
生物景观
天象景观

0　　500　　1000km

台湾暂无数据

图 3-4　中国主要自然景观空间分布

表 3-3 中国主要自然景观基本特征

生态系统类型	基本特征
地文景观	地文景观主要包括山岳、沙漠、峡谷、丹霞、喀斯特、火山、地质遗迹、海岸与海岛等，其中，山岳景观依托于我国主要山脉而存在，沙漠景观主要分布于我国西北干旱半干旱地区，峡谷景观主要依托于大型山脉和河流，丹霞景观主要分布于东南沿海、中南地区和部分西北地区，喀斯特景观集中分布于我国西南地区广西、贵州、云南、重庆等地，火山景观主要分布在黑龙江、吉林、云南、海南等地，地质遗迹景观还包括古生物遗迹和典型地貌，分布较为分散，海岸与海岛分布于我国东南沿海地区
水文景观	水文景观主要包括河湖湿地、沼泽湿地等，其中，河湖湿地景观多依托我国重要水系，分布于河流源头及沿线地区；沼泽湿地景观主要包括东部沿海滩涂湿地景观、东北地区森林沼泽湿地景观、西南地区高寒草甸湿地景观、东北地区火山湖景观，主要分布于黑龙江、吉林。此外，水文景观还包括西北地区荒漠绿洲湿地景观、青藏高原盐湖景观、西南喀斯特地区瀑布景观等
生物景观	生物景观主要包括森林、草原草甸、珍稀动植物及栖息地等，其中，森林景观主要为东北和南方地区代表性森林生态系统及独特的森林景观；草原草甸景观主要分布于内蒙古高原、青藏高原、天山腹地等地区；珍稀动植物及栖息地景观主要分布于秦岭中部、青藏高原、横断山区、长江中下游平原和东北地区等
天象景观	天象景观主要包括日月星光和云雾冰雪等，其中，日月星光景观主要有日出日落、佛光、极光、星光景观等，例如，泰山日出、峨眉山佛光、大兴安岭极光、博斯腾湖星光等；云雾冰雪景观主要有云雾、冰雪景观等，例如，黄山云海、庐山瀑布云、大兴安岭北极村冰雪景观等

二、分区筛选

分区筛选主要根据中国自然条件和国家公园空间布局需要，逐层划定自然生态地理区、自然保护关键区域，及国家公园评估区。

（一）自然生态地理区

中国国土辽阔，海域宽广，自然条件复杂多样，划定面向国家公园空间布局的自然生态地理区（图 3-5），有利于根据区域特征有针对性地遴选国家公园候选区域。综合考虑我国气候带、生态区划、自然地理区划、植被区划、野生动物生态地理区划、海洋生态系统和海域分布等，将全国陆域划分为东

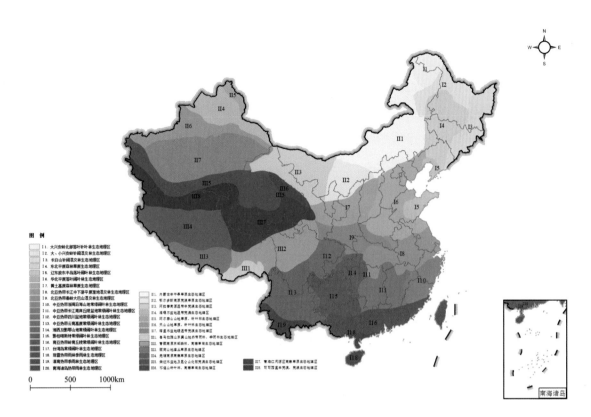

图 3-5　面向国家公园空间布局的自然生态地理区

部湿润半湿润区、西部干旱半干旱区、青藏高原高寒区 3 个生态大区 36 个生态地理区；将海域划分为黄（渤）海、东海、南海 3 个海洋生态地理区。

东部湿润半湿润生态大区位于中国东部地区，约占全国总面积的 45%，生态系统类型以森林、湿地为主，包括大兴安岭北部寒温带森林冻土区、小兴安岭针阔混交林沼泽湿地区、长白山针阔混交林河源区、东北松嫩平原草原湿地区、辽东-胶东半岛丘陵落叶阔叶林区等 19 个自然生态地理区。

西部干旱半干旱生态大区位于中国北部和西北部地区，约占全国总面积的 30%，生态系统类型以荒漠草原为主，包括内蒙古半干旱草原区、鄂尔多斯高原森林草原区、黄土高原森林草原区等 8 个自然生态地理区。

青藏高原高寒生态大区包括西藏和青海的大部分地区，及甘肃南部、云南西北部、四川西部的部分地区，约占全国总面积的 25%，生态系统类型以高寒草甸、高寒湿地为主，包括喜马拉雅东段山地雨林区、青藏高原东缘森林草原雪山区、藏南极高山灌丛草原雪山区等 9 个自然生态地理区。

（二）自然保护关键区

根据自然生态地理区和科学评估结果，综合考虑中国重要自然生态系统、重点保护物种、独特自然景观等自然生态空间，将生态功能极为重要、生态系统极为脆弱、急需要保护的生态空间作为极重要自然保护关键区域规划纳入自然保护地体系进行系统保护。

（三）国家公园评估区

以自然保护关键区为基础，参考现有自然保护地分布及三大保护对象的保护空缺区域，确定国家公园评估区211处（图3-6），其具有如下特征。

（1）根据中国生态系统、物种多样性特征和保护需求、自然景观与遗迹进行确定。其中，生态系统重点考虑自然生态地理区的代表性；物种多样性重点考虑珍稀濒危物种；自然景观与遗迹重点考虑其科学价值、美学价值、文化价值、独特性。选择每个自然生态地理区的典型生态系统类型分布区、珍稀濒危物种富集区和自然景观与遗迹价值高且独特的区域作为国家公园布局的备选区域。

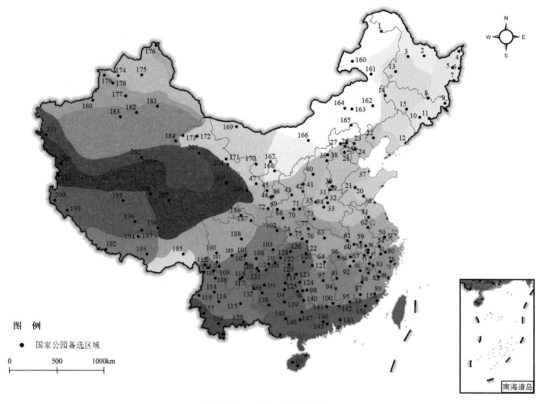

图 3-6　国家公园评估区

（2）能完善国家生态安全格局，保障国家与区域生态安全。在国家公园布局中，考虑水源涵养、土壤保持、防风固沙、洪水调蓄等主要生态系统功能提供的关键区域作为备选区域，以保障主导服务功能的提供，确保国家生态安全。

（3）是自然保护关键区中的现有自然保护地或保护空缺区域。中国大多数具有重要保护价值的区域已经建立了某种类型的保护地，因此在规划国家公园的布局时，要充分参考现有的保护地分布及其范围，把没有列入现有保护地的重要区域优先列入国家公园候选名单。

三、对标确认

对标确认主要对照《国家公园设立规范》提出的国家代表性、生态重要性、管理可行性 3 项准入条件和 9 项指标，从各自然生态地理区中遴选出需要严格保护的 66 处自然生态空间作为国家公园候选区，其中，东部湿润半湿润区 37 处，西部干旱半干旱区 12 处，青藏高原高寒区 10 处，海洋 7 处。66 处候选区位于我国代表性生态系统或自然景观的重要分布区，或具有国家代表性珍稀濒危野生动植物物种，或是我国重要的生态安全屏障，是每个自然生态地理区中最具有保护价值的区域。

四、意见征询

意见征询主要面向社会各界，对国家公园候选区布局方案进行讨论，不断修改完善的过程。

国家公园候选区经历了多轮专家论证和征求有关部门意见及第三方评估等严格的程序，并征求了科研机构、高校等不同领域的专家学者、非政府组织以及全国人大代表、政协委员等社会各方面意见，结合 2021 年 2 月在《人民日报》客户端开展的"选出你心目中的中国国家公园"大众网络投票结果，进行修改完善，保证布局结果的科学合理性，也体现了公众参与性。通过这个过程，得到最终的 49 处国家公园候选区。

第二节　布局方案

一、国家公园候选区

遴选出国家公园候选区 49 处（含正式设立的 5 处国家公园），包括陆域 44 处，海陆统筹 2 处，海域 3 处。国家公园候选区总面积约 110 万 km^2，其中，陆域面积约 99 万 km^2，占陆域国土面积的 10.3%；管辖海域面积约 11 万 km^2。各自然生态地理区中，除辽东-胶东半岛丘陵落叶阔叶林区、四川盆地常绿落叶阔叶混交林农田区两区未布局国家公园候选区外，其他自然地理区均有代表。

我国全部国家公园建成后，将形成全世界最大的国家公园体系，主要包括面积最大、覆盖具有全球生态价值的区域最大等特征。保护面积方面，我国建立的第一批国家公园，面积之和已达到 23 万 km^2，暂居全球第五；总体布局规划建立的 49 处国家公园面积将达 114 万 km^2，超过现有其他国家的公园面积（图 3-7）。保护对象方面，我国国家公园包含多处具有全球意义的物

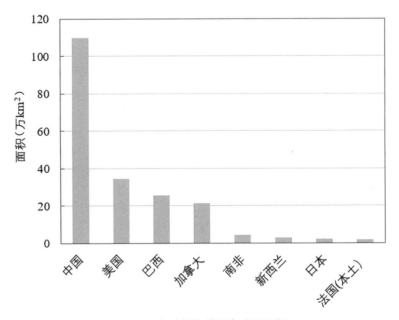

图 3-7　部分国家的国家公园面积

种、生态系统、自然遗迹与景观的关键区域，如全球生物多样性热点区、全球候鸟迁徙重要节点、国际重要湿地等。

国家公园空间布局充分衔接国家重大战略和重大生态工程，在青藏高原、黄河流域、长江流域等生态区位重要区域重点布局国家公园。其中，青藏高原布局 13 个国家公园候选区，形成青藏高原国家公园群，面积约 77 万 km^2，占候选区总面积的 70%；黄河流域布局 9 个国家公园候选区，面积约 28 万 km^2；长江流域布局 11 个国家公园候选区，面积约 24 万 km^2。

二、国家公园特征与成效

据初步分析，国家公园候选区涵盖了我国重要自然生态系统与物种关键区域，涵盖 464 类陆地自然生态系统类型，占总类型数量的 65%，基本覆盖了我国重要生态系统类型，及各自然生态地理区中的代表性生态系统类型。国家公园将覆盖近 70% 的国家重点保护野生动植物物种及其栖息地，包括陆域分布的高等植物 2.9 万多种，被子植物、裸子植物、蕨类植物比例较高；野生脊椎动物 5000 多种，其中，哺乳动物、鸟类保护比例较高，其次是两栖和爬行动物。

国家公园候选区域将覆盖我国境内的全球生物多样性热点区。未来建立的国家公园在我国 4 个全球生物多样性热点地区中均有布局。冈仁波齐、珠穆朗玛、雅鲁藏布大峡谷等国家公园候选区域位于东喜马拉雅山地；天山等国家公园候选区域位于中亚山地，大熊猫、普达措、高黎贡山等国家公园候选区域位于中国西南山地；南岭、海南热带雨林、亚洲象、哀牢山等国家公园候选区域位于印-缅区域。这些地区在全球生物多样性研究和保护中扮演着至关重要的角色。

国家公园候选区域也将覆盖全球候鸟迁徙的重要节点（表 3-4）。在全球 9 条候鸟迁徙路线中，有 4 条经过我国境内，包括"东非-西亚迁徙线""中亚迁徙线""东亚-澳大利西亚迁徙线"和"环太平洋迁徙线"，未来建立的黄河口、辽河口等国家公园都是这些迁徙线上重要节点。候选区域还涵盖了我国主要候鸟迁徙的关键区域，包括松嫩鹤乡、黄河口、辽河口、长岛、若尔盖、青海湖、三江源、南山、南岭等地区。

表 3-4　全球鸟类迁徙路线上的国家公园候选区域示例

黄河口	拥有我国暖温带最广阔、保存最完整的湿地生态系统之一，是横跨"东亚-澳大利西亚"和"环太平洋"两条候鸟迁徙线的重要"中转站"、越冬地和繁殖地，被称为"鸟类国际机场"。鸟类资源丰富，珍稀濒危鸟类众多，目前有鸟类371种，其中，国家一级保护野生鸟类25种、国家二级保护野生鸟类65种。38种鸟类数量超过全球总量的1%，成为东方白鹳全球最大繁殖地、黑嘴鸥全球第二大繁殖地、白鹤全球第二大越冬地、我国丹顶鹤野外繁殖的最南界
辽河口	是东亚-澳大利西亚迁飞区上超过40万只鸻鹬类物种在黄（渤）海区域最关键的能量补给地，记录到304种鸟类；是野生丹顶鹤种群繁殖地的最南限和越冬地的最北限，是丹顶鹤大陆种群最重要的迁徙停歇地，有全球最集中和数量最多的黑嘴鸥繁殖种群，是世界上西太平洋斑海豹8个分布区中最南端的一个

　　国家公园候选区域也涵盖了多处世界重要自然遗产与景观（图 3-8），包括武陵源、黄龙、三江并流、四川大熊猫栖息地、中国南方喀斯特、中国丹霞、新疆天山、青海可可西里、湖北神农架、梵净山 10 项世界自然遗产（中国共 14 项），黄山、武夷山 2 项世界自然与文化双遗产（中国共 4 项）、11处世界地质公园（中国共 41 处）、19 处国际重要湿地（中国共 64 处）、19 处世界人与生物圈保护区（中国共 34 处）。

　　国家公园候选区域重点依托现有自然保护地进行整合布局，共涉及现有自然保护地约 705 个，其中，自然保护区约 315 个，含国家级 135 个、地方级 180 个，其他各级各类自然保护地约 390 个。

　　国家公园能够提供丰富的生态产品，是我国优质生态产品的重要供给区，覆盖主要大江大河源头，如长江、黄河、澜沧江、黑龙江、钱塘江等。

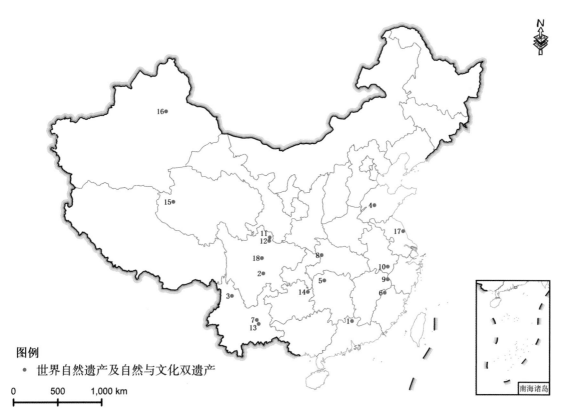

图 3-8　国家公园（含侯选区）世界自然遗产及自然与文化双遗产分布

第四章

国家公园保护管理

国家公园是我国自然保护地体系的主体，是生态文明体制和美丽中国建设的标志，是千年大计、国之大者。中共中央办公厅、国务院办公厅印发的《建立国家公园体制总体方案》要求："建成统一规范高效的中国特色国家公园体制，交叉重叠、多头管理的碎片化问题得到有效解决，国家重要自然生态系统原真性、完整性得到有效保护，形成自然生态系统保护的新体制新模式，促进生态环境治理体系和治理能力现代化，保障国家生态安全，实现人与自然和谐共生。"《关于建立以国家公园为主体的自然保护地体系的指导意见》要求："加强顶层设计，理顺管理体制，创新运行机制，强化监督管理，完善政策支撑""建立自然生态系统保护的新体制新机制新模式，建设健康稳定高效的自然生态系统。"本章将从国家公园自然资源资产管理、分区管控、生态保护修复、巡护监测、矛盾调处5个方面阐述国家公园保护管理工作要求。

第一节　自然资源资产管理

自然资源资产管理是国家公园管理机构的重要职责之一。国家公园应作为独立的登记单元进行确权登记，划清全民所有和集体所有之间的边界，划清不同集体所有者的边界，实现归属清晰、权责明确。

一、国家公园自然资源资产管理对象

按照《自然资源统一确权登记暂行办法》，我国实行自然资源统一确权登记制度，对象包括水流、森林、山岭、草原、荒地、滩涂、海域、无居民海岛以及探明储量的矿产资源等自然资源的所有权和所有自然生态空间。自然资源统一确权登记以自然资源登记单元为基本单位，其中，国家公园、自然保护区、自然公园等各类自然保护地作为独立登记单元，范围内的森林、草原、荒地、水流、湿地等不再单独划定登记单元。

二、国家公园自然资源资产管理方式

在自然资源资产管理中，需要同时维护集体所有自然资源资产的所有者权益和已经承包到户或流转到其他经济实体的自然资源所有者或使用者权益，在保护自然资源的前提下，尊重和保护集体与个人的合法权益。同时，需要加强对国有自然资源资产的保护和管理，保障国有自然资源资产不流失，维护全民所有者的权益，确保资源的可持续利用和全民共享。

（一）国家公园范围内全民所有自然资源资产

按照中共中央办公厅、国务院办公厅印发的《全民所有自然资源资产所有权委托代理机制试点方案》，国家公园优先纳入所有权委托代理试点范畴，由国家公园管理机构具体实施园区内全民所有自然资源资产的整体保护和用途管制。因此，国家公园范围内全民所有自然资源资产所有者职责由中央直接行使或委托相关省级人民政府代行，依法对区域内水流、森林、山岭、草原、荒地、滩涂等所有自然生态空间统一进行确权登记。在国家公园管理机构建立统一行使、权责对等的所有权委托代理机制，编制自然资源清单并明确委托人和代理人权责，依据委托代理权责依法行权履职，建立健全所有权管理体系，探索委托管理目标、工作重点和委托代理配套制度，探索建立履行所有者职责的考核机制，建立代理人向委托人报告受托资产管理及职责履行情况的工作机制，实现自然资源资产统一管理和国土空间用途管制。积极预防、及时制止破坏自然资源资产行为，强化自然资源资产有偿使用和损害赔偿责任，规范自然资源利用的特许经营，确保自然资源资产保值、增值。

（二）国家公园范围内集体所有的自然资源资产

《中共中央关于全面深化改革若干重大问题的决定》明确"健全归属清晰、权责明确、保护严格、流转顺畅的现代产权制度。公有制经济财产权不可侵犯，非公有制经济财产权同样不可侵犯"。在国家公园范围内，自然资源资产管理以保护为主，允许原住居民开展维持生产生活的、必要的经营利用。这种管理方式可能会影响集体、个人或其他经济组织对享有使用权的林地、草地、水域等资源的经营和收益。为了平衡生态保护和经济利益之间的关系，需要在充分征求所有权人、承包权人意见的基础上，探索通过多种途径实现统一保护的目标。

　　一种途径是通过赎买、生态征收等方式实现经营权、承包权的流转，特别是在核心保护区、生态保护重要区域探索自然资源资产的流转；另一种途径是通过资产置换实现有效保护，例如，海南热带雨林国家公园在试点期间用农垦系统资产置换核心保护区 11 个村集体土地，实现了 1800 余人搬迁。此外，还可以采取国家财政生态补偿方式，对限制经营的森林、草原、湿地、耕地等资源或区域实行经济补偿，将一次性赎买或征收所需投入分散到各年度。

　　另外，保护地役权改革也是一种有效的途径，可以促进各产权主体参与保护。地役权人（政府部门）需要向供役地人（土地所有者或承包者）支付一定费用，限制供役地人对土地的某些权利，从而实现保护目标。与生态补偿机制比较，保护地役权是我国《物权法》规定的一类用益物权，是地役权人在不动产上的一种非占有性利益，在公共利益得到满足的同时使供役地人的权利得到合法保护，并且还能够作为产权进行抵押、交易。

　　总之，国家公园范围内自然资源资产管理需要平衡生态保护和经济利益之间的关系，通过多种途径实现统一保护的目标，确保资源的可持续利用和全民共享。

第二节　分区管控

　　科学合理的管控分区是协调国家公园各种利害关系的重要手段，将国家公园划分为既相对独立又相互联系的管控分区，明确各管控区的建设方向并采取相应的管理措施，有利于自然资源的优化配置，为自然资源的保护与开发以及旅游容量控制等规划奠定基础，进而实现国家公园的可持续发展。

一、管控分区概念

　　根据《国家公园总体规划技术规范》（GB/T39736—2020），国家公园管控区分为核心保护区和一般控制区，分区实行差别化管控（图 4-1）。

　　核心保护区是国家公园范围内自然生态系统保存最完整、核心资源集中

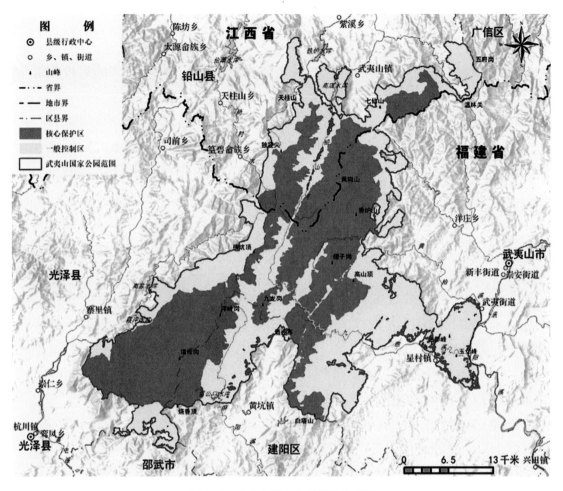

图 4-1　武夷山国家公园管控分区图

分布，或者生态脆弱而需要休养生息的地域。未来可根据迁徙或洄游野生动物特征与保护需求，探索划建一定范围的季节性核心保护区，规定严格管控的时限与范围。核心保护区的面积一般占国家公园总面积的 50% 以上。

　　一般控制区为国家公园核心保护区以外的区域。在确保自然生态系统健康、稳定、良性循环发展的前提下，一般控制区允许适量开展非资源损伤或破坏的科教游憩、传统利用、服务保障等人类活动，对于已遭到不同程度破坏而需要自然恢复和生态修复的区域，应尊重自然规律，采取近自然的、适当的人工措施进行生态修复。

二、分区管控措施

根据《国家公园管理暂行办法》，核心保护区和一般控制区的管控措施分别如下。

（一）核心保护区

国家公园核心保护区原则上禁止人为活动。国家公园管理机构在确保主要保护对象和生态环境不受损害的情况下，可以按照有关法律法规政策，开展或者允许开展下列活动。

一是管护巡护、调查监测、防灾减灾、应急救援等活动及必要的设施修筑，以及因有害生物防治、外来物种入侵等开展的生态修复、病虫害动植物清理等活动。

二是暂时不能搬迁的原住居民，可以在不扩大现有规模的前提下，开展生活必要的种植、放牧、采集、捕捞、养殖等生产活动，修缮生产生活设施。

三是国家特殊战略、国防和军队建设、军事行动等需要修筑设施、开展调查和勘查等相关活动。

四是国务院批准的其他活动。

（二）一般控制区

国家公园一般控制区禁止开发性、生产性建设活动，国家公园管理机构在确保生态功能不造成破坏的情况下，可以按照有关法律法规政策，开展或者允许开展下列有限人为活动。

一是核心保护区允许开展的活动。

二是因国家重大能源资源安全需要开展的战略性能源资源勘查，公益性自然资源调查和地质勘查。

三是自然资源、生态环境监测和执法，包括水文水资源监测及涉水违法事件的查处等，灾害防治和应急抢险活动。

四是依法批准进行的非破坏性科学研究观测、标本采集。

五是依法批准的考古调查发掘和文物保护活动。

六是不破坏生态功能的生态旅游和相关的必要公共设施建设。

七是必须且无法避让、符合县级以上国土空间规划的线性基础设施建设、防洪和供水设施建设与运行维护。

八是重要生态修复工程，在严格落实草畜平衡制度要求的前提下开展适度放牧，以及在集体和个人所有的人工商品林内开展必要的经营。

九是法律、行政法规规定的其他活动。

第三节　生态保护修复

生态保护修复是守住自然生态安全边界、促进自然生态系统质量整体改善的重要保障。国家公园保护管理建设应采取积极保护战略，加大对自然生态系统的监测与保护，加大对退化、受损生态系统的修复力度。

一、国家公园生态保护措施

国家公园的生态保护工作，要以调查和监测为基础，按照适应性管理的要求制定各类资源的保护管理目标，着力提升生态服务功能，维护自然生态系统健康稳定。根据《国家公园总体规划技术规范》，生态保护的具体措施如下。

（1）对重要的自然生态系统，根据森林、草原、荒漠、湿地、河流、湖泊、海洋各类生态系统的内在自然规律，强调生态系统生态过程的完整性，统筹制定保护措施。

（2）对于迁徙、洄游的野生动物栖息区域，制定季节性管控措施，营造适宜环境。

（3）对地处边境的国家公园，制定跨国境联合保护措施，建设跨境调查监测网络、跨国生态廊道，联合保护生态系统完整性及珍稀濒危野生动植物资源。

（4）构建完善的巡护体系，制定巡护制度，明确巡护路线，配置巡护装备等。

（5）在重要的交通要道、人员进出频繁地段或岔路口，设置必要的检查哨卡，设置瞭望塔、视频监控系统、电子围栏建设，零星分布区布设永久性封禁标识、物联网监控设备，最大限度减少人为干扰。

（6）对天然林、公益林进行统一保护管理。可将国家公园范围内的天然林全部纳入国家公益林补助范围，其他符合条件的林分调整为公益林，加大国家公园内公益林补偿力度和标准，同时建立森林资源网格化、全覆盖的保护管理体系。

（7）对国家公园范围内的人工林分类处置，重点生态区域的商品林可通过购买、租赁、合作等方式进行收储，由国家公园管理机构统一管理。对核心保护区内的商品林可以赎买，统一收购林地、林木经营权。与相关村、镇或经营单位签订地役权合同，建立补偿和共管机制，有效管控集体林地。

二、国家公园生态修复措施

国家公园正式设立后，要着力加强自然生态系统原真性、完整性保护，提升生态系统质量与服务功能，提高生态产品供给能力，使受损生态系统恢复到接近于它受干扰前的自然状态。

国家公园生态修复措施一般以自然恢复为主，辅以必要的近自然的工程措施，包括退耕（牧）还林（草、湿）、抚育改造、补植改造、人工促进更新、河湖海岸线保护、湿地植被恢复、人工鱼礁（巢）建设、藻场（草床）建设、产卵场底质修复、生态补水、岸线修复、水系沟通、水污染治理、黑土滩综合治理、草原鼠虫害综合防治等人工干预措施，逐步优化自然生态系统结构和功能。具体的措施包括但不限于以下几点。

（1）对矿山、水体、裸露山体、河湖海岸线等，可以开展绿化和植被恢复，探索多元化的矿山迹地修复模式，实施废弃矿山生态修复工程，科学构建生态岸线格局，对功能退化的自然湿地进行生态修复，重点清理水污染源，逐步淘汰污染企业，依法分类处置已建小水电站。

（2）对珍稀濒危动物栖息地，可以开展珍稀濒危物种栖息地调查和评价，确定国家公园内重要栖息地恢复的优先区域，分析栖息地连通性状况，对因种植养殖、居民点、水电工程、航道整治、挖砂采石、旅游和矿产开发等人为活动影响受损的栖息地，可实行生态修复，对矿产开发受损栖息地加强边坡稳固和尾矿治理，可通过改良土壤基质、种植重金属耐性植物、构筑人工湿地、净化地下水以及微生物修复等措施，使其逐步恢复自然状态，促进栖息地斑块间融合，提升栖息地质量。

（3）对栖息地连通廊道方面，可根据旗舰种、伞护种分布区及种群扩散趋势，通过采取近自然的工程措施，建设栖息地连通廊道，并视需求辅助建设人行通道，减少人为活动对动植物的干扰，恢复物种关键扩散廊道，使野生动植物从现有栖息地向周边潜在栖息地扩散，连通现有分布区与潜在分布区，实现隔离种群间的基因交流。

（4）对国家公园内珍稀濒危动植物物种，可首先实施编目、建档进行严格保护，必要时可建立野生动物救助站、野生动物收容救护基地、重要保护野生植物、极小种群植物保育基地，加强对致濒机制及脱濒技术、物种回归等创新研究，有序扩大珍稀植物的野外种群（专栏4-1）。

专栏4-1　东北虎豹国家公园生态保护修复方案

森林生态系统保护修复。全面落实东北虎豹国家公园天然林保护政策，实现东北虎豹国家公园天然林资源保护全覆盖，禁止商业性采伐、烧除、挖腐殖质土等行为，尽量减少天然林人为干扰。严格保护东北虎、东北豹栖息核心区域。在征求林权权利人意愿前提下，将符合条件的集体人工商品林调整区划界定为国家级公益林，保证国家级公益林在空间上的连续性、完整性。推进东北虎豹国家公园内大片人工纯林的近自然恢复，增加红松阔叶混交林面积。

湿地生态系统保护修复。禁止在沼泽湿地从事开垦种植、采挖泥炭、开采地下水、泥炭沼泽湿地蓄水外放等破坏性人为活动。统筹推进嘎呀河、穆棱河、绥芬河等河流湿地生态保护修复。恢复河流湖泊自然岸线，修复驳岸生态。加强水源地保护，禁止排放不符合水污染物排放标准的工业废水、生活污水及其他污染湿地的废水、污水，禁止倾倒、堆放、丢弃、遗撒固体废物。

保护生物多样性。加强国家重点保护野生鱼类栖息地保护，建立水生生物监测系统，涉及水生生物保护的生产经营活动要符合水生生物保护的法律法规。加强对东北虎豹国家公园内东北红豆杉、红松等国家重点保护野生植物原生境保护与修复，加大巡护力度，严厉打击非法采集（采伐、挖掘）等破坏野生植物原生境的不法行为。保存野生植物种质资源。

（5）对特有和特色植物种质资源，可组织开展专项调查，摸清其种类、群落和生境分布状况，建设种质资源保护基地，在重要发现地设立警示牌、防护网等保护设施。

第四节 巡护监测

国家公园的管理对象是人与自然的复合系统，为了适应生态系统的动态变化，国家公园需要采用相应的管理策略，并对管理成效进行动态监测，根据监测反馈信息不断完善管理措施。其中，巡护和监测是对国家公园自然资源和生物多样性最直接、最有效的保护管理措施之一。

一、国家公园巡护监测概念

国家公园巡护是指管理机构的工作人员或聘用人员，在所辖范围内，沿着事先设计的路线，对主要保护对象、重要保护区域、人为活动情况、突发事件等进行定期或不定期的观察和记录，并对主要保护对象进行救护、对保护区设施进行维护、对非法行为进行制止等行为的总称。

国家公园监测是指对国家公园生态系统和自然文化资源的保护、利用与管理相关数据进行长期、连续、系统地收集、分析、解释和利用的监控测定过程。

严格来说，巡护是针对国家公园所受的威胁而开展的，而监测是为了掌握资源和生物多样性变化的状况，需要获得长时间可比较的数据，因此监测工作的技术要求比较高。在实践来看，野外巡护和监测又是紧密结合的。这种结合不仅有利于减少人员和开支，而且把威胁和生物多样性变化联系起来，有利于全面综合地分析问题以解决管理问题。

二、国家公园巡护监测内容

（一）巡护内容

1. 日常巡护

日常巡护指根据国家公园管理目标、管理计划和野外巡护计划而开展的巡护工作，从重要自然生态系统、重点保护野生动植物物种、地质景观以及传统利用区、科教游憩区分布情况，与已有道路系统相结合，根据地形地势合理布设巡护路线。日常巡护主要内容包括边界巡护、人类活动管控、野生动物救助等方面。

2. 特殊巡护

特殊巡护指当国家公园接受临时任务或发生自然或人为突发事件时，根据保护管理的要求而开展的巡护工作。例如，在自然灾害多发的夏季，开展的灭害巡护；在非法偷猎、盗伐案件多发的冬季，开展的防火巡护和综合执法（稽查）巡护等。特殊巡护具有很强的时效性、针对性和灵活性。

3. 巡护过程中需注意的事项

巡护员应具备较强的组织观念和安全意识，注意避让雷击、自然灾害和野生动物，选择安全的宿营地，确保人身、车辆、资料和工具的安全，及时、认真、全面地填写巡护表格，记录相关信息。

（二）监测指标

国家公园的监测工作，要制定统一规范的监测指标，保证监测成果的统一，同时要建立可持续的监测评价体系，长期监测资源、生态、环境、社会、经济等要素。根据《国家公园监测规范》（GB/T 39738—2020），国家公园监测内容包括自然资源、生态状况、科学利用和保护管理4个方面。所有监测指标均为共性指标，由于各国家公园资源环境、社会经济条件差异较大，各国家公园可根据自身实际情况和特点选取相应的共性指标，还可选择符合实际需求的个性监测指标。

1. 自然资源

自然资源监测内容主要包括土地资源、水资源、矿产资源、森林资源、草原资源、湿地资源、海洋资源、自然景观资源、遗产遗迹资源和其他资源10类。监测数据获取方法主要包括相关专项调查、遥感监测、地面监测，如生态定位观测站、环境监测站、固定样地开展的监测等。

2. 生态状况

生态状况监测内容主要包括生态系统、物种多样性、生态系统服务功能和气候与物候 4 类。监测数据获取方法主要包括相关专项调查、遥感监测、地面监测，如生态定位观测站、环境监测站、气象站、水文站开展的监测等。

3. 科学利用

科学利用监测内容主要包括产品生产、游憩体验和特许经营 3 类。监测数据获取方法主要包括遥感监测、大数据分析、资料查询和访问调查等。

4. 保护管理

保护管理监测内容主要包括管理体系、社区参与、灾害管控、行政执法、环境保护和社会管理 6 类。监测数据获取方法主要包括保护管理记录、大数据分析、访问调查和遥感监测等。

5. 个性监测指标

各国家公园可针对自身实际情况，根据国家公园建设要求和总体发展方向，选取符合自身需求的个性监测指标。个性监测指标应以有利于国家公园保护、管理为前提，不得违反国家法律法规、破坏生态系统稳定。鼓励国家公园与科研院所及大专院校建立科技支撑平台，依托支撑平台建设个性化监测指标。个性监测指标应纳入国家公园监测体系。

（三）监测技术方法

国家公园监测技术体系主要包括遥感监测、地面监测、社会调查和资料查询等不同方法，国家公园可根据各自实际情况综合运用不同的监测技术和方法。根据不同目的、需求，结合物联网、云计算等功能，对国家公园监测数据进行抽取、集成、管理、分析、解释，最终形成结论，为国家公园科学决策、智慧管理提供依据。

1. 遥感监测

（1）卫星遥感监测方法。主要针对国家公园自然资源、生态状况、环境变化等进行大尺度周期性监测，并对人为干扰活动开展准实时监测监控。根据不同监测对象选取分辨率适宜的遥感数据，通过人工目视解译和人工智能解译方法掌握资源和环境动态变化情况，定期开展监测，具体监测内容主要针对土地、森林、湿地、草原、海洋、景观、遗产遗迹资源类型及面积的变化，以及园区基本建设活动等。

（2）航空遥感监测方法。主要针对国家公园范围内重点关注区域的各类自然资源、生态系统状况、生态系统服务功能、人为干扰等监测对象，实现快捷机动的中小尺度周期性区域监测，亦可对卫星遥感监测结果进行核验，对卫星发现的疑似区域进行重点排查，对主要栖息地和人类活动重点区域进行精细化监测。

2. 地面监测

（1）定位观测站点。利用定位监测站（点）等采用专业监测仪器设备，包括气象监测设备、水文监测设备、土壤监测设备、生态环境监测设备、野生动植物监测设备（红外相机、摄像机）等开展定位实时监测。监测对象主要包括生态状况中资源和环境的定位定量监测。

（2）固定样地监测方法。固定样地监测根据调查监测对象的不同，可以分为固定样地法、样线法、样点法等，该方法是对森林、草原、湿地、沙化土地、海洋等自然资源，以及野生动植物监测的必要方法。国家公园可根据实际需要，按照统计学的要求合理布设样方、样线、样点。

（3）专项监测方法。各国家公园可根据实际情况通过随机地面核查、采样分析等方法对卫星遥感监测和航空拍摄监测结果进行进一步调查，核实实际变化情况；还可以通过定期的日常巡护，无线跟踪、鸟类环志、拦网陷阱法等方法定期或不定期开展专项监测调查，深入了解掌握国家公园内各类资源和环境实际变化情况。

3. 社会调查

通过与被访问者面对面的接触，或采用电话、微信、邮件、信函等间接方式，进行有目的谈话或问卷调查开展社会调查。应用社会学统计方法进行定量的描述和分析，来了解调查对象现状，获取所需要的信息，主要应用于国家公园科学利用和保护管理等方面指标的监测。

4. 资料查询

收集、分析、研究统计资料和报道资料是获得信息的一种方法。国家公园应根据监测的目的、内容和要求定期收集分析相关书面或声像资料，特别是以往调查资料和数据，重点对科学利用和干扰影响监测项目进行对比分析，掌握变化情况。通常包含国家公园管护管理记录，巡护记录，政府部门统计年鉴，各类考察报告等。

第五节　矛盾调处

　　我国人口基数大、经济社会发展快，在国家公园创建设立过程中普遍面临着比较紧张的人地关系。为促进人与自然和谐，有必要妥善处理国家公园划定区域涉及的永久基本农田、建制村镇或人口聚集区、矿业权、水电站、人工商品林等历史遗留问题或矛盾。针对这些问题和矛盾，有关部门制定出台了一系列政策文件，为国家公园范围分区划设和管理提供指导和依据。《国家公园设立规范》等明确要求，国家公园创建设立过程中需全面梳理核实区域内各类矛盾冲突情况，按照稳妥有序解决历史遗留问题、不带入新问题的原则，提出分类处置方案，调处土地或林木林地草场权属争议，妥善化解各类矛盾风险隐患，制定具体补偿方案或办法。

一、相关政策文件

　　目前已发布和出台的有关自然保护地矛盾冲突调处的政策文件共 9 个，主要包括两类。一是中共中央办公厅、国务院办公厅发布的《关于在国土空间规划中统筹划定落实三条控制线的指导意见》。二是由有关部委发布的，其中，自然资源部牵头发布的有 5 个，包括《自然资源部　国家林业和草原局关于做好自然保护区范围及功能分区优化调整前期有关工作的函》《自然资源部　生态环境部　国家林业和草原局关于加强生态保护红线管理的通知（试行）》《自然资源部办公厅　国家林业和草原局办公室关于生态保护红线划定中有关空间矛盾冲突处理规则的补充通知》《自然资源部　农业农村部关于加强和改进永久基本农田保护工作的通知》《自然资源部　国家林业和草原局关于生态保护红线自然保护地内矿业权差别化管理的通知》；水利部、国家林业和草原局牵头的有两个，包括《水利部　国家发展改革委　生态环境部　国家能源局关于开展长江经济带小水电清理整改工作的意见》《国家公园管理暂行办法》等。

二、主要矛盾类型调处

1. 永久基本农田处置

依据相关政策文件，生态保护红线、永久基本农田、城镇开发边界三条控制线不交叉不重叠不冲突，国家公园属于生态保护红线。在国家公园划定过程中，涉及永久基本农田的，结合国土空间规划统筹调整生态保护红线和永久基本农田控制线，拟划入国家公园范围内的永久基本农田，经自然资源部和农业农村部论证确定后应逐步退出，同时原则上在所在县域范围内补划，确实无法补划的，在所在市域范围内补划。核心保护区内涉及的永久基本农田，按照一般耕地管理，逐步有序转为生态用地；一般控制区内与保护对象共生的永久基本农田可作为一般耕地保留。

2. 人工商品林处置

按照有关规定，成片集体人工商品林可不划入国家公园范围内，但重要江河干流源头、两岸，重要湿地和水库周边，距离国界线 10 公里范围内的林地，荒漠化和水土流失严重地区，沿海防护林基干林带等情形除外。零星分散的人工商品林和竹林保留在国家公园范围内，依法进行管理。核心保护区内的人工商品林，具备条件的地方政府通过赎买、租赁或置换等方式，逐步有序转为公益林。一般控制区内的人工商品林处置可参考核心保护区。在国家公园建设管理实践过程中，还鼓励以保护地役权方式处置人工商品林矛盾。

3. 矿业权处置

根据相关规定，按照应划尽划、应保尽保的基本原则，生态保护价值高、生物多样性丰富以及保持生态系统完整性的区域应纳入国家公园范围，不可因避让矿业权而导致应保护的地方未受到保护。纳入国家公园范围的矿业权允许部分勘查开采活动，其中，在核心保护区内，允许依法设立的铀矿矿业权继续勘查开采；油气探矿权继续勘查活动，可办理探矿权延续、变更（不含扩大勘查区块范围）、保留、注销，发现可供开采油气资源的不得从事开采活动；矿泉水、地热采矿权在不超出已经核定的生产规模、不新增生产设施的条件下允许继续开采，到期后有序退出；其他矿业权停止勘查开采活动，逐步退出。在一般控制区内，除允许核心保护区内可开展的相关勘察和开采活动外，还包括基础地质调查和战略性矿产远景调查等公益性工作；油气已依法设立的采矿权不扩大用地用海范围，继续开采活动，可办理采矿权延续、变更（不含扩大矿区范围）、注销；矿泉水和地热已依法设立的采矿权可办理延续、变更（不含扩大矿区范围）、注销；铬、铜、镍、锂、钴、锆、钾盐、（中）重稀土矿，已经依法设立的和新立探矿权开展勘察活动，可办理探矿权登记，不得办理探矿权转为采矿权，但因国家战略需要开展开采活动的，可办理采矿权登记。在国家公园范围内，相关调查、勘查、开采活动凡达不到绿色勘查、开采及矿山环境生态修复等相关要求的无条件退出；此外，中央环保督察和省（区、市）矿业权退出方案有要求的矿业权按相关要求处置。

4. 水电站处置

根据相关规定，核心保护区内水电站逐步关停退出。一般控制区内的水电站，逐站制定整改方案，明确整改目标、措施，小水电站在保证生态流量、加强生态监测的前提下允许经营至合同期满，期满后退出。

5. 人口聚集区处置

根据有关规定，国家公园核心保护区内的村镇逐步有序退出，暂时不能搬迁的原住居民，可以有过渡期；过渡期内在不扩大现有建设用地和耕地规模的情况下，允许修缮生产生活以及供水设施，保留生活必需的少量种植、放牧、捕捞、养殖等活动。在一般控制区内，对生态功能造成明显影响的镇村或人口聚集区逐步有序退出，不造成明显影响的依法依规加强管理。

6. 草原放牧处置

根据有关规定，国家公园核心保护区内原则上实行禁牧，禁止新建草原围栏，已有围栏逐步移除，在严格落实草畜平衡制度要求的前提下，允许原住居民在所承包草原上适度放牧，防止超载放牧。一般控制区内，在严格落实草畜平衡制度要求的前提下开展适度放牧。

专栏 4-2　国家公园矛盾调处案例

（一）人口聚集区。海南热带雨林国家公园内无建制乡镇，有自然村 137 个、户籍人口 2.4 万人，其中，核心保护区 1300 余人，一般控制区 2.3 万人。海南省林业局出台《海南热带雨林国家公园生态搬迁方案》，在国家公园试点期完成了核心保护区近 500 人搬迁的任务，剩余居民正在实施生态搬迁，完成搬迁后核心保护区无常住人口。一般控制区通过加强管控，明确居民生产生活边界，引导社区建立与国家公园保护目标相一致的生产生活方式。鼓励园区内居民参与国家公园建设管理，优先聘用园区内符合条件的社区居民提供生态管护、生态体验、自

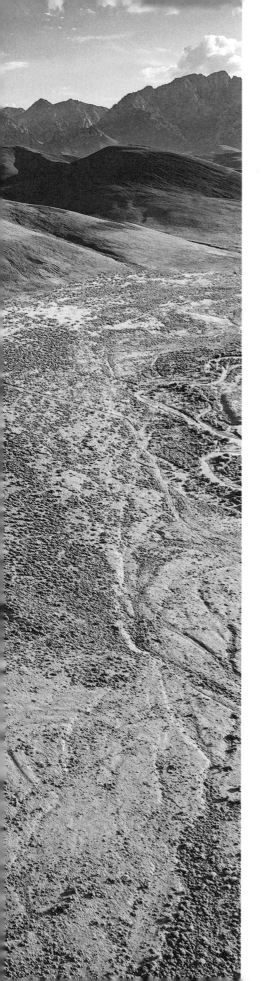

然教育等服务。

（二）永久基本农田。海南热带雨林国家公园内有零星分布的永久基本农田13平方千米，主要位于海南长臂猿栖息地扩散区和霸王岭—黎母山—五指山等生态重要区域之间的廊道区。目前，核心保护区与一般控制区内的永久基本农田已转为一般耕地管理，允许正常耕作。

（三）人工林等非全民所有自然资源资产。武夷山国家公园福建片区近三分之二面积为非全民所有的自然资源，通过协议管控、商品林赎买、毛竹林地役权管理等措施，实现统一管理。一是签订非全民所有生态公益林86.3万亩，签订天然商品林管护及补助协议5.2万亩。二是在林农自愿的前提下，对重点生态区位非国有商品林进行赎买，纳入生态公益林管理，累计赎买1.3万亩。三是在林农自愿的前提下，签订非全民所有商品毛竹林地役权管理协议1万亩并给予补偿，武夷山国家公园管理局拥有毛竹林的统一经营管理权。通过以上措施，基本实现非全民所有林地的统一管控。

（四）矿业权。2021年，吉林、黑龙江两省印发矿业权退出方案。目前，东北虎豹国家公园范围内的155宗矿业权，已有154宗关停退出。其中，吉林省矿业权118宗，针对中央或者地方财政全额出资勘查的探矿权、有效期的探矿权、按去产能政策实施的政策性关闭煤矿等采取直接注销退出76宗，剩余42宗，按照到期关停退出、避让退出、补偿退出等方式退出41宗；黑龙江省共37宗，按照直接注销退出、补偿退出等方式已全部退出。

（五）小水电。南山国家公园创建区范围

内原有水电站62座，其中，核心保护区17座、一般控制区45座。根据《湖南省小水电清理整改实施方案》，经科学评估后，已按照"一站一策"开展分类处置。其中，位于核心保护区的水电站及原体制试点工作实施方案中要求退出的水电站已全部退出；位于一般控制区水电站处置情况为已全部完成生态基流改造，在不扩大规模且保障生态流量和工程安全的前提下，保留在国家公园创建区范围内。

（六）草场放牧。三江源国家公园探索生态保护补偿路径，缓解草原放牧矛盾问题。一是设立禁牧区，拆除围栏，草地生态系统状况逐渐好转，野牦牛、藏羚羊等青藏高原特有的大型有蹄类哺乳动物分布范围均得到扩散。二是制定了《三江源国家公园野生动物与家畜争食草场补偿试点实施和资金管理办法》《三江源国家公园野生动物与家畜争食草场损失补偿绩效管理办法》，编制完成野生动物与家畜争食草场补偿试点方案，在园区4县13个村开展野生动物与家畜争食草场补偿试点工作。三是推行园区生态管护公益岗位"一户一岗"制度，涉及3万余人，年补助资金超4亿元。四是鼓励当地牧民升级生产收入结构，增加除放牧以外的其他收入手段，减少对于放牧的依赖。

第五章

国家公园绿色发展

国家公园是"国之大者",是我国生态文明建设的重要抓手。中共中央办公厅、国务院办公厅印发的《关于建立以国家公园为主体的自然保护地体系的指导意见》明确指出,国家公园在保护的同时,还要"服务社会,为人民提供优质生态产品,为全社会提供科研、教育、体验、游憩等公共服务;维持人与自然和谐共生并永续发展"。习近平总书记多次提到,国家公园要"实现生态保护、绿色发展、民生改善相统一"。推动绿色发展,也是实现人与自然和谐共生的根本途径。国家公园试点和设立以来,通过建立生态保护补偿机制、推动绿色产业发展等方式,取得了良好的社会经济成效,为推动"绿水青山"向"金山银山"转化积累了丰富经验,同时,绿色发展也面临顶层设计不完善、产业发展水平低等一系列问题。

第一节　生态保护补偿

生态保护补偿是以保护和可持续利用生态系统服务功能为目的,以经济手段为主,调节相关者利益关系,促进补偿活动、调动生态保护积极性的各种规则、激励和协调的制度安排。

生态保护补偿的主要原则是"谁开发谁保护,谁破坏谁恢复,谁受益谁补偿"。生态保护补偿付费问题,是利益相关者之间的责任问题,本质内涵是生态服务功能受益者对生态系统服务功能提供者付费的行为。因此,付费的主体可以是政府,也可以是个体、企业或区域。根据生态补偿的内容及原则,因付费主体差异,生态补偿分为纵向政府补偿和横向市场化补偿两种方式。

国家公园是我国自然资源最优质的部分,也是国家和区域重要的生态安全屏障。在试点和正式设立以来,国家公园逐步建立和完善生态保护补偿机制(专栏5-1)。在纵向补偿方面,全面实施天然林保护、退耕还林、森林生态效益补偿等国家公园重点生态工程,财政投资稳步增加;各国家公园普遍扩大生态补偿范围、提高补偿标准,凸显了国家公园的重要生态价值。在横向补偿方面,部分国家公园开展了跨区域的横向补偿试点,激励地方政府保护国家公园生态环境。

专栏 5-1　生态保护补偿案例

1. 纵向补偿：武夷山国家公园试点期间对生态公益林按照每亩比区外多 3 元的标准进行补偿，对天然乔木商品林按每年每亩 20 元的标准给予停伐补助，并且从 2020 年开始连续 3 年每年每亩增加 2 元；南山候选区实施公益林扩面工程，将符合条件的商品林纳入公益林和天保林管理范畴，通过租赁实施经营权流转，提高集体公益林和集体天保林补偿标准，分别由每亩每年 15.5 元和 13.5 元提高到 30 元，截至 2020 年 8 月，已兑付流转补偿提标 3058 户 22.84 万亩；钱江源——百山祖候选区全面实施地役权改革补偿，补偿资金纳入省财政预算，落实集体林生态补偿机制。

2. 横向补偿：海南省编制并执行《海南省流域上下游横向生态补偿实施方案（试行）》，以海南热带雨林国家公园涉及的五指山市、昌江县、琼中县、保亭县、白沙县为试点，签署流域上下游横向生态保护补偿协议，初步建立流域上下游横向生态保护补偿机制。根据 2019 年流域上下游横向生态保护补偿试点的断面水质季度考核和年度考核结果，五指山市、琼中县、保亭县和白沙县 4 个上游市（县）共获得 2304 万元省级奖补资金。甘肃省 2020 年印发《关于加快推进祁连山地区黑河石羊河流域上下游横向生态保护补偿试点的通知》，祁连山国家公园涉及的肃南县等为实施黑河流域上下游横向生态保护补偿工作的责任主体。除签署协议规定的补偿方式和标准外，为激励流域所在县（区）开展试点，甘肃省财政厅和生态环境厅对符合考核相关要求的县（区）予以奖励，每个县 3 年累计奖励可达 1000 万元。

设置生态管护岗位是国家公园实施生态保护补偿的重要方式。国家发展改革委等 6 个部委在 2018 年联合印发《生态扶贫工作方案》，提出通过生态管护岗位得到稳定的工资收入，支持在贫困县设立生态管护员工作岗位，以森林、草原、湿地、沙化土地管护为重点，让能胜任岗位要求且有经济困难的人口参加生态管护工作，实现家门口就业。此后，该方式也在国家公园试点及建设中得到应用与推广。

国家公园内生态管护岗位设置主要包括两个方面。一部分以生态管护为主，主要参与国家公园内的日常保护、巡护、监测、监管等生态保护管理工作，作为国家公园相关工作力量的补充。另一部分以社区发展为主，主要围绕国家公园社区人居环境改善、自然教育、生态旅游等活动开展，提供配套的服务。

　　根据国家公园社区分布基本状况，结合不同国家公园的保护管理需求，科学设置生态管护岗位（专栏 5-2），吸收原住居民和森工企业人员参与国家公园的保护管理、监测监管、科普宣教等工作，既能充实国家公园管护队伍力量，缓解保护管理机构内人员力量不足的问题，也能起到良好的改善民生和维护社会稳定的效果，解决国家公园内部分低收入人口的就业问题。

专栏 5-2　生态管护岗位设置案例

　　三江源国家公园：整合草地管护员、护林员、湿地管护员及扶贫专项资金，建立生态管护公益岗位机制，将管护标准从原来的每 5 万亩设置 1 名管护员提高到每 3 万亩设置 1 名管护员，每名管护员月工资从 1500 元提高到 1800 元，按照"一户一岗"落实生态管护员岗位 17211 个。管护员工资分为 70% 的基础工资和 30% 的绩效工资，绩效工资须由村（牧）委会考核后，确实履行了管护职责的管护员才能获得，考核不合格的不予兑现，并可解除聘用合同。

　　大熊猫国家公园：各级管理机构共设置公益岗位 13278 个，其中，生态管护岗位 10777 个、社会服务岗位 2501 个，原住居民参与数量 11990 人，占比达到 90.3%，生态管护公益岗位工资支出达 7.38 亿元，每人年均获得工资性收入 18555 元。

　　东北虎豹国家公园：在推动生态保护差异化补偿的过程中，采取生态管护"一户一岗"的原则，面向林业和当地居民开展生态护林员选聘，优先聘用原住居民从事公园内自然资源管护巡护、生态监测、生态保护工程劳务、生态体验、科普教育服务、政策法规宣传等工作。落实生态护林员责任，建立考核奖惩体系，强化教育培训。

　　海南热带雨林国家公园：设置保护巡护岗位，主要负责对公园内热带雨林、野生动植物等自然资源进行保护管理，本着"生态搬迁户优先，就近管护，生产生活生态并重"的原则，聘用当地居民担任生态管护员，并不断提高居民比例。

　　武夷山国家公园：整合生态公益林补偿补助及天然林停伐管护补助资金，建立管护组织负责自然资源、人文资源和自然环境的管护巡查工作，配备生态管护员（含检查哨卡管理人员）和护林员。国家公园内符合条件的原住居民优先聘用为生态管护员，护林员全部为原住居民，促进社区村民参与国家公园保护与管理，有效拓宽公众参与渠道，提升社区村民归属感。通过公开择优招聘生态管护员 105人、护林员 78 人。生态管护员每年工资性收入在 3.48 万元以上（不含国家公园管理局为其办理的"五险"费用），护林员人年均工资性收入在 2.76 万元以上。

第二节　绿色产业发展

　　国家公园的首要功能是生态保护，兼具科研、教育、游憩等综合功能。在生态保护补偿的基础上，我国的国家公园推动生态旅游、自然教育、特色产品开发等绿色产业发展，积极探索生态产品价值实现路径，促进人与自然和谐共生。

一、生态旅游与自然教育

　　国家公园以全民所有自然资源为主体，是全体国民的共有财富。国家公园涵盖了我国自然生态系统、动植物、自然景观和自然遗迹的精华，是人民亲近自然、体验自然、了解自然的重要场所。

　　生态旅游是国家公园全民公益性体现的重要形式。全民公益性体现在能够让全民共同享有国家公园生态系统服务带来的福祉。"全民"既指生态旅游服务的提供者和经营者，通过参与生态旅游经营活动获取合理的经济收益，享受国家公园资源合理利用产生的红利；也指进入到国家公园开展游憩活动的游客通过亲近自然、体验自然获得精神满足。除此之外，全民公益性还包括子孙后代拥有同等权利、享受同样美景的机会。

　　国家公园生态旅游应避免粗放式的门票经济，严格规范标准。应加强国家公园生态旅游的基础服务、公共信息、环保、标识和解说、安全保障等公共服务体系建设，严格用地管理，合理规划建设旅游服务中心、自然教育中心等设施。构建国家公园解说教育系统，增强其科学性和普适性，重视国家公园旅游从业人员、志愿者、游客的教育与培训，切实提高国家公园旅游服务水平和质量。

　　国家公园开展生态旅游应重点强调生态效益与旅游体验质量（专栏5-3）。应科学评估国家公园环境承载能力，不对国家公园范围内的主要保护对象产生明显影响；通过门票预约等手段严控旅游活动范围和人数，通过丰富旅游体验方式，缩小游客规模，保证游客的旅游质量。兼顾访客体验最佳化和影响最小化原则，设计类型多样、针对性强的体验产品。此外，应建立完善国家公园管理机构与地方政府之间的有效协调机制，在不降低社区参与积极性的前提下协调利益分配，避免因旅游规模的迅速扩张导致国家公园周边地区形成管理空白区。

专栏5-3　生态旅游发展案例

大熊猫国家公园：积极推进生态旅游发展。四川片区加强自然教育体系建设，通过打造自然教育基地、营建现代化科普宣教馆、开发自然教育线路等方式，完善自然教育基础设施，通过实施自然教育"千人计划"，吸引全国优秀专家帮带培养自然教育导师、解说员、导赏员等本土骨干人才，通过评定星级等激励机制调动原住居民、生态护林员参与积极性，大熊猫国家公园内自然教育受众逐年增长，生态旅游带动的居民收入明显增加；甘肃片区将大熊猫文化与白马民俗文化融合发展生态旅游产业；陕西片区将青木川古镇文旅资源与国家公园生态资源有机衔接推动绿色产业转型，越来越多当地居民吃上了"生态饭"。

武夷山国家公园：创新景观资源有偿利用机制，国家公园管理局与主景区7万余亩集体山林所有者协商，按照景区门票收入及商定的基数向林地所有者支付报酬；试点以来，平均每年支付319万元，既解决生态游憩发展瓶颈，又保障村民利益，实现生态成果与旅游收益共享；周边的"朱熹故里"五夫镇，利用"双世遗"品牌，创新"文化生态银行"模式，将闲散的山、水、林、田、民居等资源整合成资产包向市场招商，成功推出了一系列生态文旅项目，实现村集体和企业双赢。

海南热带雨林国家公园：构建全岛"山海互动，蓝绿并进"的生态旅游格局，通过设计生态旅游精品线路、完善配套基础服务设施和旅游服务及社区参与机制，提高生态体验产品的品质和服务价值。探索以监测为基础的访客规模适应性管理机制。在开展自然教育和生态体验过程中多途径促进地方社区受益与参与；增强社区对自身文化的认同感、归属感和自豪感。

香格里拉国家公园候选区：通过小范围的资源非消耗性利用，推动大范围的有效保护，每年从旅游收入提取生态补偿资金，按照"人均+户均"的方式，分区分级实施补偿，并建立教育资助制度；聘请原住居民参与管护，提供环卫、解说等服务，增加工资性收入；改善社区基础设施。

国家公园的生态旅游发展在很大程度上依托于自然教育水平的发展。自然教育是以自然环境为基础、以推动人与自然和谐为核心、以参与体验为主要方式，引导人们认知和欣赏自然、理解和认同自然、尊重并保护自然，最终实现人的自我发展、人与自然和谐共生目的的教育，是国家公园实现教育、游憩功能的重要方式。

教育体验平台是国家公园建设的重点之一。目前，国家公园的自然教育工作均处于起步阶段，但已设立的国家公园均将教育体验平台纳入总体规划中。自然教育重点工作内容包括：系统规范自然教育课程设置、自然教育系统管理、自然教育硬件设施建设、自然教育人员队伍建设、自然教育媒介建设和自然教育内容与项目设置（专栏5-4）。

专栏 5-4   自然教育规划案例

东北虎豹国家公园：科普教育体系建设包括完善科普教育模式、建立科普教育设施设备、规范标识系统和完善自然解说系统四部分。结合不同区域自然条件、民俗文化等资源，利用东北虎豹国家公园天空地一体化综合监测成果，针对不同受众，设计自然教育主题和系列活动，打造东北虎豹国家公园自然研学品牌。提升科技创新平台、全国科普教育基地、国家林草科普教育基地的科普功能，完善入口社区科普场馆等宣教基础设施设备，建设野外观测站（基地）等。

大熊猫国家公园：全面培养自然教育师等专业队伍，建立以国家公园巡护人员、志愿者、社区从业人员、自然教育机构人员为主体的自然教育师资力量；布局自然教育基地，完善解说中心、户外宣教展示点等户外科普宣教设施，有序建设自导式解说体系和向导式解说体系；针对不同主题和受众，开发各类自然教育课程，开设自然学校，推动自然教育普及。

海南热带雨林国家公园：依托海南热带雨林国家公园内社区和森工企业旧场部及设施，建设综合展示中心、片区主题展示中心、自然教育解说径、野外宣教点、研学实践基地等自然教育场所与设施。建立海南热带雨林国家公园统一标识系统，建立统一解说牌示系统，组建自然教育人员队伍，编制生态体验和自然教育指南手册。开展多样的自然教育活动，完善自然教育模式。

武夷山国家公园：规范和完善武夷山国家公园形象标识、管理型标识和解说型标识等三大类型标识系统，依托武夷山国家公园自然和文化教育资源，策划开展主题丰富的科普教育活动，采取综合场馆、开放体验、媒介传播和交互沟通等多种展示方式，建立武夷山国家公园的科普宣教体系，满足不同群体对自然教育活动的需求。

秦岭国家公园候选区：打造自然教育优秀品牌，形成观音山自然学校、生命长青等自然教育知名品牌；建成秦岭终南山世界地质博物馆、黑河自然教室等多家博物馆和自然体验基地，开发生命探秘线路 3 条，创建国家级和省级生态文明教育基地 6 处，年接待人数超 150 万人次；"秦岭四宝"科学公园已经建成开园，"秦岭四宝"组团成为第十四届全国运动会吉祥物，"朱鹮从秦岭起飞"成为世界共识。

二、特色产品开发

国家公园独特的自然资源优势孕育了不可替代的优质生态产品。国务院办公厅印发的《关于建立健全生态产品价值实现机制的意见》"鼓励打造特色鲜明的生态产品区域公用品牌，将各类生态产品纳入品牌范围，加强品牌培育和保护，提升生态产品溢价。"国家公园试点和设立以来，依托生态环境优势，积极开发特色产品，打造优质品牌，获得溢价收益。

建设国家公园品牌增值体系是促进国家公园生态产品价值实现的有效路径。国家公园特色产品开发应充分挖掘独特"风土"、串联内外，形成国家公园与地方政府、社区居民共抓保护与共享利用的生命共同体（专栏5-5）。独特"风土"是品牌具有吸引力和竞争力的基础，串联内外能够促进产业合理布局和融合，更好地将生态优势转化为产品品质优势，并通过国家公园品牌体系形成价格和销量优势。三江源的神山圣湖和藏族文化、四川的大熊猫、武夷山的"碧水丹山"和"大红袍"等自然和文化资源，为国家公园品牌建设提供了绝佳载体。

专栏 5-5　特色产品开发案例

东北虎豹国家公园：大力发展绿色循环经济，推动产业转型。东宁市鼓励发展黑木耳、山野菜种植等原生态林产品产业，利用龙头企业吸纳原有森工企业职工，先后创建"绥阳耳""双枔子"等多个著名商标，生态优势转化成了经济优势。

大熊猫国家公园：四川片区与世界自然基金会（WWF）合作，由WWF发布"大熊猫友好型认证标准"，符合相关要求的农产品将获得认证。产自平武县的中草药南五味子（*Kadsura longipedunculata*）成为全球首个通过该标准认证的产品，已销往美国，带动当地居民增收。在大熊猫国家公园和入口社区开展"蚂蚁森林"公益保护地试点，借助支付宝移动互联网平台，推出"关坝"和"福寿"2个公益保护地，引导社会公众在手机支付宝中认领保护地，获得的社会资金用于支持生态保护与绿色发展。

武夷山国家公园：鼓励和支持茶企、茶农高标准建设生态茶园，通过园企联建无偿提供珍贵树种苗木，累计建成生态茶园示范基地1860亩。发挥正山堂、香江、武夷星等茶业龙头企业优势，通过"协会推动、企业联动、茶农参与"方式，形成"龙头企业+农户+地理标志+QS证+专营店+维权岗"的经营模式，促进分散农户与市场紧密对接，完成从产品到商品的升级，大幅提升茶产业经济效益，促进农户持续稳定增收。以"大红袍"为代表的武夷岩茶和以"金骏眉"为代表的正山红茶已形成良好的品牌效应，产生了可观的经济价值。

南山国家公园候选区：自2020年以来连续3年举办舜皇山野茶节，打造舜皇山野生茶叶品牌，建立野茶保护基地，开展野茶保护与发展研究，带领周边社区发展仿野生岩茶基地 5000 亩；探索林下经济社区发展模式，依托全域生态旅游建立樱桃基地、蓝莓、黄桃等水果基地，建立青钱柳、绞股蓝、荞麦叶大百合等药材基地。

亚洲象国家公园候选区：打造思茅普洱茶小镇，是中国普洱茶文化活态传承展示平台和文化体验集中地；开发傣族和佤族传统文化，佤族织锦和傣族筒帕成为深受游客青睐的少数民族特色产品。

第三节　存在的主要问题与建议

尽管在国家公园试点和设立过程推动绿色发展取得了一定的经验和成效，但是距离国家公园高质量发展、人与自然和谐共生还存在不小的差距。

一、主要问题

（一）顶层设计不完善

规划体系不完善，截至目前，第一批国家公园总体规划虽已批复，但基础设施建设规划、生态旅游规划、社区发展规划等专项规划尚未完成编制，相关工作难以落地；生态保护补偿机制不健全，生态补偿与保护成效之间的挂钩机制不紧密；特许经营制度不完善，特许经营管理办法、目录清单等基础规制未形成。

（二）"园""地"融合不充分

保护与发展认识有分歧，国家公园管理机构、地方政府、社会企业等对于国家公园的功能定位、管控要求认识有偏差，对于国家公园能发展什么、以什么方式发展没有形成共识；协调衔接不顺畅，国家公园与地方政府之间缺乏运转高效、保障有力的沟通协调机制，未能联动形成合力；负担沉重，部分国家公园管理机构现阶段还承担大量原森工企业人员的生计问题，部分属地政府在生态搬迁、工矿企业退出等方面存在较大资金缺口，难以轻装上阵谋发展。

（三）基础设施不健全

交通建设相对落后，国家公园普遍处于地形复杂的偏僻地区，整体通达性较差，限制了产业承接能力；公共服务设施落后，国家公园内及接临社区能提供的住宿、餐饮、环卫等服务的能力弱，限制了生态旅游发展；自然教育体系落后，国家公园普遍缺乏较完善的解说系统和稳定专业的讲解队伍，限制了科普教育功能发挥。

（四）产业基础薄弱

绿色产业发展思路不清晰，缺乏总体设计和引领，没有形成优势互补的产业布局和产业融合；产业业态大多处于对自然资源传统粗放利用的"家庭作坊式"阶段，缺少龙头企业带动，标准化、深加工程度不高，普遍存在结构单一、同质化严重、文化内核不足等问题。

二、建议

（一）加快完善顶层设计

建立完善规划体系，加快推进已设国家公园各类专项规划编制，充分衔接国家公园规划与地方发展规划；完善生态保护补偿制度，建立稳妥可行的生态补偿与保护成效紧密挂钩的机制，推动保护成效与地方政府综合考核和财政转移支付挂钩；建立健全特许经营制度，规范管理流程，严格准入机制，建立监管机制，有序开展试点，保障原住居民优先从特许经营中受益。

（二）积极促进"园""地"融合发展

建立健全国家公园管理机构与属地政府之间的协调沟通机制，进一步划清国家公园管理机构与地方政府之间的管理职责，探索建立国家公园管理机构与地方政府交叉兼职机制；搭建国家公园建设发展论坛，促进"园""地"双方就国家公园保护与发展形成共识，形成"园"依靠"地"共同保护，"地"依托"园"谋划发展的融合理念；研究制定国家公园所涉森工企业职工的处置方案，剥离国家公园承担的林区社会化事务管理职责；充分挖掘政策红利，多方筹措资金，调动地方政府积极性，化解矛盾冲突风险。

（三）加快提升基础设施水平

有序实施国家公园内部及外围交通体系改造提升，增强国家公园通达性，提升国家公园及周边地区的产业承接能力；完善国家公园内及周边地区配套基础设施，提升住宿、餐饮、环卫等公共服务能力，促进生态旅游发展，充分彰显国家公园全民公益性；建立完善国家公园自然教育体系，建设适当规模的自然教育基地，培养一批稳定专业的自然教育师，开发突出国家公园自然和文化资源特色的解说系统，充分发挥国家公园科普教育功能。

（四）强化产业基础

组织制定统筹国家公园内外融合互补的产业发展指导意见，为产业布局、规划、落地提供引领；着力推动产业结构优化、业态升级，促进产业业态由资源消耗型的"粗"利用向绿色可持续的"精"利用转变；坚持"产业生态化、生态产业化"，充分利用科技特派员制度、龙头企业帮扶、标准化认证等成功经验，把先进技术和管理模式引进来、把优质特色产品和服务推出去，促进国家公园生态产品价值实现。

参考文献

陈梦迪. 我国国家公园的环境教育功能及其实现路径研究[D]. 南京:南京林业大学,2020.

陈雅如,刘阳,张多,等. 国家公园特许经营制度在生态产品价值实现路径中的探索与实践[J]. 环境保护,2019,47(21):57-60.

杜傲,卢琳琳,徐卫华,等. 面向国家公园空间布局的自然景观保护优先区评估[M]. 北京:中国林业出版社,2021.

杜傲,沈钰仟,肖燚,欧阳志云. 国家公园生态产品价值核算研究[J]. 生态学报,2023,43(1):208-218.

方玮蓉,马成俊. 国家公园特许经营多元参与模式研究——以三江源国家公园为例[J]. 青藏高原论坛,2021,9(1):20-26.

耿松涛,张鸿霞,严荣. 我国国家公园特许经营分析与运营模式选择[J]. 林业资源管理,2021(5):10-19.

龚思诗. 拟建南岭国家公园自然教育体系研究[D]. 广州:广州大学,2020.

国家公园自然资源资产化管理反思[J]. 南京工业大学学报:社会科学版,2022,21(2):47-54.

韩爱惠. 国家公园自然资源资产管理探讨[J]. 林业资源管理,2019,2(1):1-5,37.

何思源,苏杨. 原真性、完整性、连通性、协调性概念在中国国家公园建设中的体现[J]. 环境保护,2019,47(Z1):28-34.

胡曾曾,赵志龙,张贵祥,等. 国家公园湿地生态补偿研究进展[J]. 湿地科学,2018,16(2):259-265.

胡毛,吕徐,刘兆丰,等. 国家公园自然教育途径的实践研究及启示——以美国、德国、日本为例[J]. 现代园艺,2021,44(5):185-189.

胡谢君. 论我国自然保护地体系生态补偿机制的构建[D]. 南宁:广西大学,2021.

加强生态保护 规范特许经营——《海南热带雨林国家公园特许经营管理办法》解读[J]. 热带林业,2020,48(4):1.

蒋亚芳,田静,赵晶博,等. 国家公园生态系统完整性的内涵及评价框架:以东北虎豹国家公园为例[J]. 生物多样性,2021,29,1279-1287.

李博炎,李爽,朱彦鹏. 生态旅游在我国国家公园中的定位及效益研究[J]. 生态经济,2021,37(1):111-115.

李铁英,陈明慧,李德才. 新时代背景下中国特色的国家公园自然教育功能定位与模式构建[J]. 野生动物学报,2021,42(3):930-936.

李霞,余荣卓,罗春玉,等. 游客感知视角下的国家公园自然教育体系构建研究——以武夷山国家公园为例[J]. 林业经济,2020,42(1):36-43.

李想,芦惠,邢伟,等. 国家公园语境下生态旅游的概念、定位与实施方案[J]. 生态经济,2021,37(6):117-123.

李想,郑文娟. 国家公园旅游生态补偿机制构建——以武夷山国家公园为例[J]. 三明学院学报,2018,35(3):77-82.

李向福. 贫困地区生态公益岗助推精准扶贫探究[J]. 新农业,2021(24):27-28.

李鑫城. 三江源国家公园生态补偿机制现状研究[J]. 大陆桥视野,2021(12):76-78.

李娅,余磊,窦亚权. 中国国家公园自然教育功能提升路径——基于国外的启示与经验借鉴[J]. 世界林业研究,2022,35(4):113-118.

栗璐雅. 武夷山国家公园旅游生态补偿机制构建[J]. 热带农业工程,2019,43(5):204-206.

林昆仑,雍怡. 自然教育的起源、概念与实践[J]. 世界林业研究,2022,35(2):8-14.

刘晓娜,刘春兰,张丛林,魏钰,黄宝荣. 青藏高原国家公园群生态系统完整性与原真性评估框架[J]. 生态学报,2021,43(3):833-846.

罗云. 我国国家公园特许经营许可制度研究[D]. 宜昌:三峡大学,2021.

马克明,孔红梅,关文彬,等. 生态系统健康评价:方法与方向[J]. 生态学报,2001,21:2106-2116.

欧阳志云,徐卫华,杜傲,等. 中国国家公园总体空间布局研究[M]. 北京:中国环境出版集团,2018.

潘春芳. 享受国家公园,从了解特许经营开始[J]. 中国林业产业,2022(6):56-59.

彭建. 浅析国家公园彰显全民公益性的意义及途径[EB/OL]. 中国旅游报,2021. http://www.ctnews.com.cn/gdsy/content/2021-02/19/content_98066.html

《全国重要生态系统保护和修复重大工程总体规划(2021—2035 年)》印发[EB/OL].(2020-06-12)[2022-05-10].http://www.gov.cn/zhengce/2020-06 /12/content_5518797.htm.

任海,金效华,王瑞江,等. 中国植物多样性与保护[M]. 郑州:河南科学技术出版社,2022.

宋晋. 国家公园生态补偿法律制度研究[D]. 太原:山西大学,2020.

孙忻,孙路阳,熊品贞,等. 中国动物多样性与保护[M]. 郑州:河南科学技术出版社,2022.

TVEIT M,ODE Å,FRY G. Key concepts in a framework for analysing visual landscape character [J]. Landscape Research,2006,31:229-255.

唐小平. 高质量建设国家公园的实现路径[J]. 林业资源管理,2022,6(3):1-11.

唐小平,欧阳志云,蒋亚芳,等. 中国国家公园空间布局研究[J]. 国家公园,2023,1(1):1-10.

滕琳曦,廖凌云,傅田琪,等. 法国国家公园品牌增值体系建设过程及特征分析[J]. 世界林业研究,2022,35(5):101-106.

万利,高昂,程越,等. 国家公园自然资源资产管理标准体系框架建设初探[J]. 标准科学,2023,(1):42-49.

王可可. 国家公园自然教育设计研究[D].广州:广州大学,2019.

王梦君,唐芳林,孙鸿雁,等. 国家公园的设置条件研究[J]. 林业建设,2014(2):6.

王若楠. 我国国家公园管理体制研究[D]. 重庆:西南大学,2021.

王社坤,焦琰. 国家公园全民公益性理念的立法实现[J]. 东南大学学报:哲学社会科学版,2021,23(4):12.

王宇飞,苏红巧,赵鑫蕊,等. 基于保护地役权的自然保护地适应性管理方法探讨:以钱江源国家公园体制试点区为例[J]. 生物多样性. 2019,27(1):88-96.

蔚东英,高洁煌,李霄. 我国国家公园自然教育公众需求调查与分析[J]. 林草政策研究,2021,1(2):55-61.

蔚东英,张弦清,陈君帜,等. 促进中国国家公园自然教育系统化建设的思考[J]. 林草政策研究,2022,2(2):1-9.

翁晓宇. 国家公园多元化生态补偿法律机制研究[D]. 新乡:河南师范大学,2019.

徐卫华,欧阳志云,等. 中国国家公园与自然保护地体系[M]. 郑州:河南科学技术出版社,2022.

徐卫华,赵磊,韩梅,等.国家公园空间布局物种保护状况评估[J].国家公园,2023,1(1):11-16.

徐宇伟. 国家公园特许经营制度研究[D]. 赣州:江西理工大学,2021.

薛剑青. 构建国家公园生态补偿机制研究[D]. 福州:福建师范大学,2019.

余正勇,陈兴. 中国国家公园生态旅游研究:阶段趋势、研究议题、评述与展望[J]. 环境科学与管理,2022,47(2):144-148.

俞海,王勇,霍黎明,等. 生态公益岗实现生态保护与精准扶贫双赢[J]. 农村.农业.农民(B版),2020(1):19-21.

袁邦尧. 基于大熊猫国家公园体制的熊猫文化品牌建设的意义、现状及对策[J]. 老字号品牌营销,2020(12):15-16.

臧振华,徐卫华,欧阳志云. 国家公园体制试点区生态产品价值实现探索[J]. 生物多样性,2021,29(3):275-277.

臧振华,张多,王楠,杜傲,孔令桥,徐卫华,欧阳志云. 中国首批国家公园体制试点的经验与成效、问题与建议[J]. 生态学报,2020,40(24):8839-8850.

张亚琼,曹盼,黄燕,等. 自然教育研究进展[J]. 林业调查规划,2020,45(4):174-178+183.

章锦河,苏杨,钟林生,等. 国家公园科学保护与生态旅游高质量发展——理论思考与创新实践[J]. 中国生态旅游,2022,12(2):189-207.

赵敏燕,董锁成,崔庆江,等. 基于自然教育功能的国家公园环境解说系统建设研究[J]. 环境与可持续发展,2019,44(3):97-100.

赵翔,朱子云,吕植,等. 社区为主体的保护:对三江源国家公园生态管护公益岗位的思考[J]. 生物多样性,2018,26(2):210-216.

ZANG ZH,GUO ZQ,FAN XY,et al. Assessing the performance of the pilot national parks in China[J]. Ecological Indicators,2022,145:109699.

郑华,张路,孔令桥,等. 中国生态系统多样性与保护[M]. 郑州:河南科学技术出版社,2022.

中共中央办公厅 国务院办公厅.《建立国家公园体制总体方案》[EB/OL].（2017-09-26）[2022-05-10].http://www.gov.cn/zhengce /2017-09 /26 /content_5227713. htm.

中共中央办公厅 国务院办公厅.《全民所有自然资源资产所有权委托代理机制试点方案》[EB/OL].（2022-03-17）[2022-05-10].http://www.gov.cn/xinwen/2022-03/17/content_5679564.htm.

中华人民共和国国家林业和草原局. GB/T 39737—2020,国家公园设立规范[S]. 2020.

中华人民共和国国家林业和草原局. GB/T 39736—2020,国家公园总体规划技术规范[S]. 2020.

中华人民共和国国家林业和草原局. GB/T 39738—2020,国家公园监测规范[S]. 2020.

周芸竹. 我国国家公园特许经营的法律规制[D]. 兰州:甘肃政法大学,2022.

2022.10
党的二十大报告中指出"推进以国家公园为主体的自然保护地体系建设"

2022.11
习近平主席在《湿地公约》第十四届缔约方大会开幕式上宣布中国制定了《国家公园空间布局方案》

2022.09
财政部、国家林业和草原局（国家公园管理局）联合印发《关于推进国家公园建设若干财政政策意见》

2022.06
国家林业和草原局（国家公园管理局）印发《国家公园管理暂行办法》

2022.01
习近平主席在世界经济论坛重要讲话中指出："中国正在建设全世界最大的国家公园体系"

2021.11
《中共中央关于党的百年奋斗重大成就和历史经验的决议》将"建立以国家公园为主体的自然保护地体系"列为重大工作成就之一

2022.03
多部门联合印发《国家公园等自然保护地建设及野生动植物保护重大工程建设规划（2021—2035年）》

2021.10
正式设立三江源、大熊猫、东北虎豹、海南热带雨林、武夷山等第一批国家公园

2021.06
国家林业和草原局与中国科学院共建的国家公园研究院揭牌

2018.03
组建国家林业和草原局，加挂国家公园管理局牌子，负责管理国家公园等各类自然保护地等

2020.11
中央机构编制委员会印发《关于统一规范国家公园管理机构设置的指导意见》

2017.10
党的十九大报告肯定了"国家公园体制试点积极推进"，并提出"建立以国家公园为主体的自然保护地体系"

2019.06
中共中央办公厅、国务院办公厅印发《关于建立以国家公园为主体的自然保护地体系的指导意见》

2017.09
中共中央办公厅、国务院办公厅印发《建立国家公园体制总体方案》

2015.01
中共中央办公厅、国务院办公厅印发《生态文明体制改革总体方案》

2015.09
国家发展改革委等13部门联合印发《建立国家公园体制试点方案》

2013.11
党的十八届三中全会首次提出"建立国家公园体制"

附录二 引用文件

发布时间	文件名称	发布机构
2013 年 11 月	《中共中央关于全面深化改革若干重大问题的决定》	中共十八届三中全会
2015 年 5 月	《建立国家公园体制试点方案》	国家发展改革委等 13 个部门
2015 年 9 月	《生态文明体制改革总体方案》	中共中央、国务院
2017 年 9 月	《建立国家公园体制总体方案》	中共中央办公厅、国务院办公厅
2019 年 6 月	《关于建立以国家公园为主体的自然保护地体系指导意见》	中共中央办公厅、国务院办公厅
2020 年 10 月	《关于统一规范国家公园管理机构设置的指导意见》	中央机构编制委员会
2021 年 11 月	《中共中央关于党的百年奋斗重大成就和历史经验的决议》	中共十九届六中全会
2022 年 3 月	《国家公园等自然保护地建设及野生动植物保护重大工程建设规划（2021—2035 年）》	国家林业和草原局、国家发展改革委、财政部、自然资源部、农业农村部
2022 年 3 月	《全民所有自然资源资产所有权委托代理机制试点方案》	中共中央办公厅、国务院办公厅
2022 年 6 月	《国家公园管理暂行办法》	国家林业和草原局
2022 年 9 月	《关于推进国家公园建设若干财政政策的意见》	财政部、国家林业和草原局
2022 年 9 月	《国家公园空间布局方案》	国家林业和草原局、财政部、自然资源部、生态环境部
2022 年 11 月	《关于印送〈国家公园总体规划编制和审批管理办法（试行）〉的函》	国家林业和草原局
2023 年 2 月	《关于印发〈国家公园总体规划编制和审批管理办法（试行）〉实施细则的通知》	国家林业和草原局办公室
2023 年 4 月	《国家公园创建设立材料审查办法》	国家林业和草原局办公室
2023 年 8 月	《武夷山国家公园总体规划（2023—2030）》	国家林业和草原局办公室
2023 年 8 月	《东北虎豹国家公园总体规划（2023—2030）》	国家林业和草原局办公室
2023 年 8 月	《海南热带雨林国家公园总体规划（2023—2030）》	国家林业和草原局办公室